Skripte zur Physik

Wellenlehre

von

Christian Wyss

Skripte zur Physik

Wellenlehre

von

Christian Wyss

mathema

 tredition

Verlagslabel: mathema (www.mathema.ch)

ISBN   Hardcover: 978-3-384-34433-5
        Paperback: 978-3-384-34432-8

Auflage 1.0

Druck und Distribution im Auftrag des Autors:
tredition GmbH, Heinz-Beusen-Stieg 5, 22926 Ahrensburg, Germany

Die Philosophie steht in diesem grossen Buch geschrieben, das unserem Blick
ständig offen liegt – ich meine das Universum –; aber das Buch ist nicht zu
verstehen, wenn man nicht zuvor die Sprache erlernt und sich mit den Buchstaben
vertraut gemacht hat, in denen es geschrieben ist. Es ist in der Sprache der
Mathematik geschrieben, und deren Buchstaben sind Kreise, Dreiecke und andere
geometrische Figuren, ohne die es dem Menschen unmöglich ist, ein einziges Bild
davon zu verstehen; ohne diese irrt man in einem dunklen Labyrinth herum.

Galileo Galilei: *Il Saggiatore* (1623)

Inhaltsverzeichnis

Einleitende Worte

Die Skripte zur Physik sind im Rahmen des gymnasialen Unterrichts entstanden und sind primär als *unterrichtsbegleitendes Material* konzipiert. Sie können jedoch auch als eigenständiges Lern- und Übungsmaterial eingesetzt werden.

Die Skripte enthalten *Lückentexte*. Sie dienen der Festigung des erworbenen Wissens und sollten im Plenum mit der gesamten Klasse ausgefüllt werden. Diese handschriftlichen Einträge helfen, die Schlüsselbegriffe und Aussagen zu verinnerlichen und Herleitungen und Beweise besser nachzuvollziehen.

Zu den Inhalten

Einführung in die Wellenlehre

Behandelte Inhalte

Der erste Teil dieser Einführung in die Wellenlehre behandelt schwingende Systeme. Grundbegriffe wie Elongation, Amplitude, Frequenz und Periode werden eingeführt und auf das Faden- und Federpendel angewendet. Gedämpfte und erzwungene Schwingungen werden im Detail betrachtet. Die Schwingungen leiten schliesslich zu den Wellen über, die als Reihe gekoppelter Pendel verstanden werden. Verschiedene Wellentypen (Longitudinal- und Transversalwellen, Polarisation) werden ebenso besprochen wie die beschreibenden Grössen Amplitude, Frequenz und Wellenlänge, aus denen die Ausbreitungsgeschwindigkeit abgeleitet wird. Wichtige Beispiele für Wellen wie Schallwellen, Wasserwellen, seismische Wellen und elektromagnetische Wellen, werden diskutiert. Es werden auch Schallleistung, Schallpegel und die psychoakustische Phonskala behandelt. Die Überlagerung von Wellen (Interferenz, Schwebung, stehende Wellen) wird eher intuitiv als formal behandelt. Zum Abschluss wird der akustische Dopplereffekt thematisiert.

Notwendiges Vorwissen

Dieses Skript setzt voraus, dass die Grundlagen der klassischen Mechanik bekannt sind, insbesondere die verschiedenen Energieformen wie kinetische und potentielle Energie sowie die Dynamik von Massen (Kräfte). Um die physikalischen Kernaussagen klar verständlich zu halten, wird bewusst auf ein einfach zugängliches mathematisches Niveau geachtet. Grundlegende Kenntnisse in Algebra sind jedoch erforderlich. Ausserdem sollten die Schülerinnen und Schüler mit trigonometrischen Funktionen im Bogenmass sowie für die Behandlung des Pegels mit dem Logarithmus vertraut sein.

Fortgeschrittene Wellenlehre

Behandelte Inhalte

Dieses Skript ergänzt, präzisiert und erweitert die Inhalte des Skripts „Einführung in die Wellenlehre". Dabei werden weitgehend dieselben physikalischen Phänomene behandelt wie in der Einführung, jedoch bewusst auf einem wesentlich höheren mathematischen Niveau. Ziel ist es, aufzuzeigen, wie Konzepte der höheren Mathematik in der Physik angewendet werden können. Das Skript richtet sich daher vorwiegend an Schülerinnen und Schüler, die das Schwerpunktfach bzw. den Leistungskurs in Mathematik und Physik belegen.

Notwendiges Vorwissen

Vorausgesetzt wird, dass die „Einführung in die Wellenlehre" bereits behandelt wurde und den Studierenden die Grundlagen der klassischen Mechanik und der Elektrizitätslehre (insbesondere auch die Kenntnis der Kapazität und der Induktivität) bekannt sind. Neben grundlegenden arithmetischen und algebraischen Fähigkeiten wird erwartet, dass die Schülerinnen und Schüler in der Lage sind, Funktionen abzuleiten. Idealerweise sollten auch Differentialgleichungen und Taylorreihen bereits behandelt worden sein. Der sichere Umgang mit den Additionstheoremen und/oder mit der Arithmetik der komplexen Zahlen, insbesondere unter Anwendung der Eulerschen Identität, sind ebenfalls notwendige Vorkenntnisse. Fourier-Reihen werden nur qualitativ besprochen und könnten allenfalls ergänzend im Mathematikunterricht behandelt werden. Für die Herleitung der Wellengleichung sind zudem grundlegende Kenntnisse in der Vektorrechnung erforderlich, insbesondere das Skalar- und Vektorprodukt.

Strahlenoptik

Behandelte Inhalte

Im ersten Teil wird die geradlinige Ausbreitung von Licht eingeführt und damit verschiedene Phänomene erklärt, darunter Mondphasen, Mond- und Sonnenfinsternisse, Schattenprojektionen und die Camera Obscura. Im Weiteren werden das Reflexions- und das Brechungsgesetz erläutert und auf vielfältige Phänomene in Natur und Technik angewendet. Zum Abschluss werden Abbildungssysteme mit gewölbten Spiegeln und Linsen behandelt.

Notwendiges Vorwissen

Dieses Skript setzt kein Vorwissen aus dem gymnasialen Curriculum voraus. Das Berechnungsgesetz kann entweder mithilfe des Snell'schen Gesetzes (vorausgesetzt wird die Kenntnis der Sinusfunktion) oder anhand einer Grafik behandelt werden. Kenntnisse der mathematischen Ähnlichkeiten sind von Vorteil.

Wellenoptik

Behandelte Inhalte

Licht wird als elektromagnetische Welle eingeführt und der Brechungsindex wird als das Inverse der relativen Ausbreitungsgeschwindigkeit interpretiert. Damit werden Dispersion und chromatische Aberration erklärt. Die Farbwahrnehmung des Menschen wird besprochen. Mit Hilfe des Huygens'schen Prinzips werden die geradlinige Ausbreitung, das Reflexionsgesetz und das Brechungsgesetz hergeleitet. Die Beugung am Spalt, am Doppelspalt und am Gitter wird detailliert behandelt, ebenso wie verschiedene Anwendungen (Monochromatoren, Farben von CDs etc.), insbesondere auch das Auflösungsvermögen optischer Instrumente. Die Interferenz an dünnen Schichten wird ebenfalls besprochen. Phänomene der Polarisation werden erläutert, darunter das Experiment von Malus, Polarisation bei Reflexion (Brewster-Winkel), die Polarisation des Sonnenlichts, optische Aktivität und die Doppelbrechung.

Notwendiges Vorwissen

Die Strahlenoptik sollte bereits zuvor behandelt worden sein. Grundlegende Kenntnisse in Algebra, insbesondere Vertrautheit mit der Sinusfunktion, sind ebenfalls erforderlich.

Einführung in die Wellenlehre

Die grosse Welle vor Kanagawa des japanischen Malers Hokusai dürfte das weltweit bekannteste japanische Kunstwerk sein. Die Grafik gehört zur Bildserie „36 Ansichten des Berges Fuji" von Hokusai (*1760; †1849) in der er die Landschaften rund um den Fuji einfing. Es zeigt Fischerboote in einer Welle vor der Kulisse des Fujis.
Das Bild ist hier spiegelverkehrt abgebildet. Die traditionelle japanische Schrift liest sich von rechts nach links und japanische Betrachter ‚lesen' auch Bilder eher von rechts nach links und nicht so wie wir von links nach rechts.
Um den Eindruck des Werkes in unsere Kultur zu übertragen, ist das Bild spiegelverkehrt abgebildet.

1. Schwingungen

Beispiele für Schwingungen

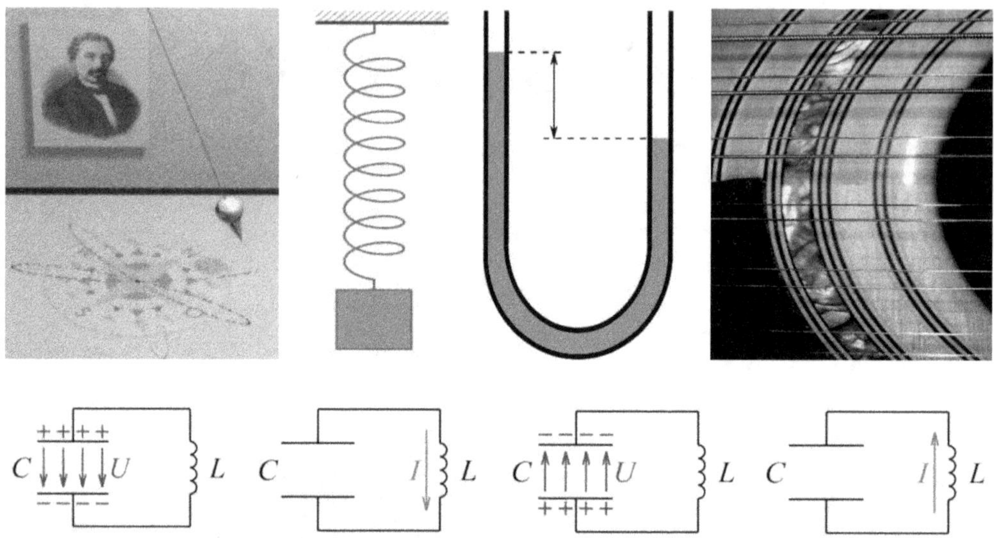

Schwingungen sind zeitlich ..periodische.. Zustandsänderungen eines Systems um eine
Ruhelage . Dabei wird die Energie des Systems periodisch umgewandelt.
Für das Zustandekommen einer Schwingung ist eine ...rückstellende... Kraft und
eine ......Trägheit.... des Systems notwendig.

Aufgabe 1: Gib an, zwischen welchen Energieformen die Energie in den obigen Beispielen oszilliert.

    a) Fadenpendel

    b) Federpendel

    c) U-Rohr

    d) Saite

    e) Schwingkreis

Aufgabe 2: Welche Kraft ist in den obigen Beispielen rückstellend und was verursacht die Trägheit?

    a) Fadenpendel   Kraft: ....   Trägheit: ....

    b) Federpendel   Kraft: ....   Trägheit: ....

    c) U-Rohr   Kraft: ....   Trägheit: ....

    d) Saite   Kraft: ....   Trägheit: ....

    e) Schwingkreis   Kraft: ....   Trägheit: ....

Beschreibung von Schwingungen

Schwingungsdauer und Frequenz

Die Schwingungsdauer oder Periode ..T.. ist die .Dauer., die ein schwingendes System für einen vollen Umlauf benötigt. Nach einer Periode ist das System wieder im .gleichen. Zustand.

Die .Frequenz... gibt an, wie häufig sich ein periodischer Prozess in einer ..Zeit—.. ...einheit.... wiederholt.

Periode und Frequenz: $\quad f = \dfrac{1}{T} \qquad\qquad [f] = ..\!{}^{1}\!/\!s.... = .Hertz... = ..Hz.$

Aufgabe 3: Ein Federpendel schwingt mit einer Frequenz von 0.1 Hz. Wie lange ist seine Periode?

Aufgabe 4: Ein Kind auf einer Schaukel benötigt 1.5 s, um von ganz vorne bis ganz hinten zu schaukeln. Wie gross sind Periode und Frequenz dieser Schwingung?

Aufgabe 5: Welche Frequenz in Hz hat ein alter Plattenspieler, der mit 45 Umdrehungen pro Minute dreht?

Aufgabe 6: Wie gross ist die Frequenz der Erdrotation?

Elongation und Amplitude

Die Elongation y ist die ......momentane.... Auslenkung (Entfernung) des Systems von seiner Gleichgewichtslage (d.h. seiner Ruhelage).

Die Amplitude $\hat{y}$ ist die ..maximale.... Auslenkung aus der Gleichgewichtslage (Ruhelage).

Aufgabe 7: Die Figuren zeigen jeweils eine ganze Schwingung. Zeichne die beiden Durchgänge durch die Gleichgewichtslage und die Amplitude ein:

a) Federpendel

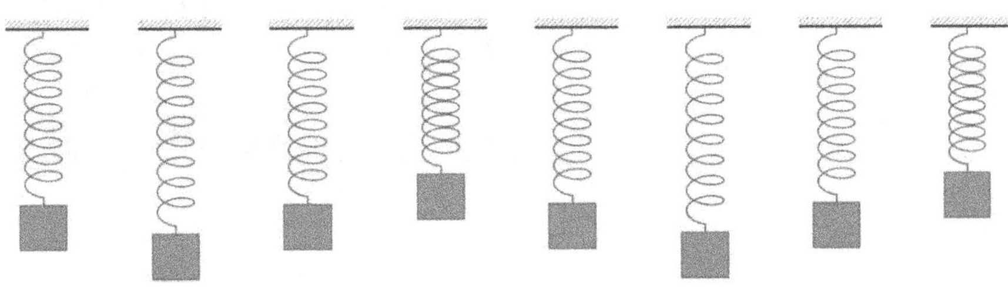

b) Fadenpendel

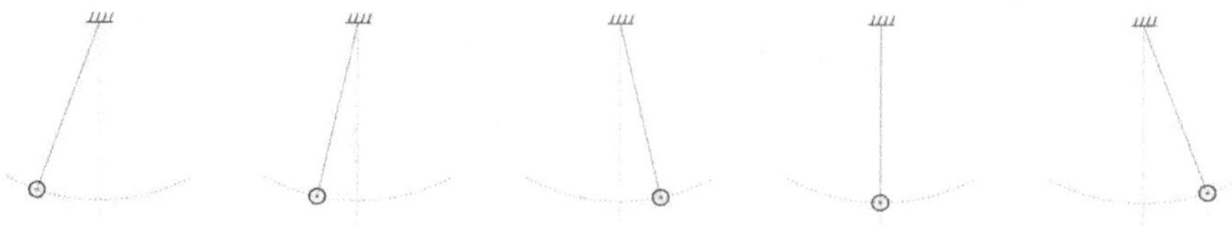

c) horizontales Federpendel

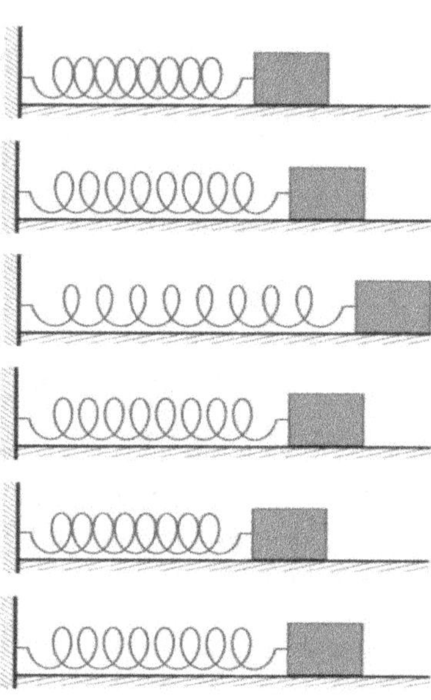

Aufgabe 8: Nach der Fertigstellung der neuen Brücke über die Norderelbe in Hamburg unterzogen die Bauingenieure die Brücke einem Test. Unter der Last eines in der Mitte der Brücke angehängten Gewichts von 100 Tonnen bog sich die Brücke den Messungen zufolge um 5 cm durch. Als schliesslich die Verbindung der Brücke mit dem Gewicht schlagartig gelöst wurde, geriet die Brücke wie erwartet in Schwingungen, die viele Sekunden andauerten. Die Frequenz der Schwingung betrug 0.62 Hz. Eine Person auf der Brücke hatte den Eindruck, dass sie sich etwa um einen Meter gehoben und gesenkt hat.

a) Wie gross war die Amplitude der Schwingung?

b) Bei welcher Elongation erfährt eine Person auf der Brücke die grösste Beschleunigung?

Die harmonische Schwingung

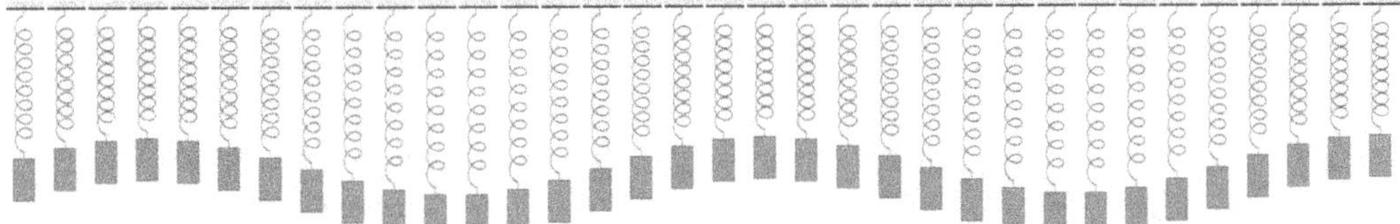

Die Elongation eines Federpendels folgt zeitlich einer sinusoiden[1] Funktion. Solche Schwingungen

nennn man ..**harmonisch**.. . Harmonische Schwingungen entstehen, wenn die rückstellende

Kraft ..**proportional**.. zur Auslenkung ist.

Harmonische Schwingung: $y = \hat{y} \cdot \cos\left(\frac{2\pi}{T} \cdot t\right)$,

wobei sich die Masse zur Zeit $t = 0$ an ihrer

..**maximalen**... Elongation befindet.

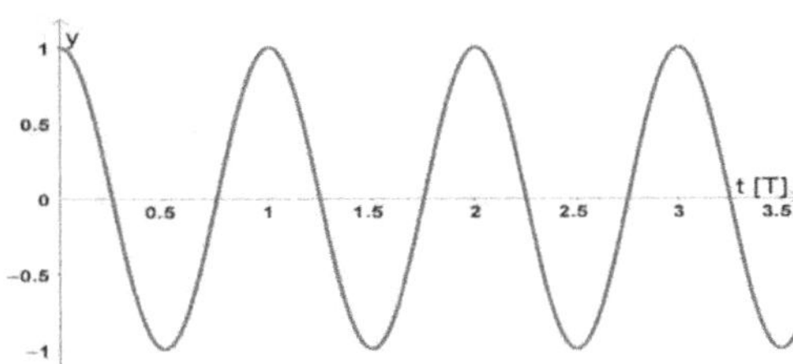

Aufgabe 9: In einem U-Rohr mit konstanter Querschnittsfläche befindet sich eine
Flüssigkeit. Wird diese leicht aus ihrer Ruheposition ausgelenkt, schwingt sie
im Rohr von links nach rechts. Handelt es sich dabei um eine harmonische
Schwingung, wenn die Reibung vernachlässigt wird?

Aufgabe 10: Ein Würfel gleitet auf der abgebildeten Oberfläche reibungslos hin und her.
Ist dieser periodische Prozess harmonisch?

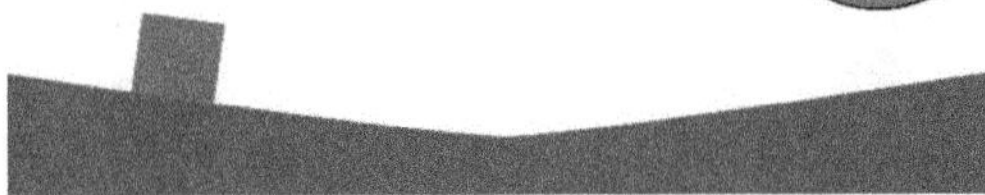

Aufgabe 11: Ein Aräometer ist ein Messgerät zur Bestimmung der Dichte von
Flüssigkeiten. Es wird beispielsweise zur Ermittlung des Zuckergehalts von
Traubensaft und der Alkoholkonzentration von Wein eingesetzt. Bei der
Messung wird das Aräometer in die Flüssigkeit eingetaucht. Dabei taucht es so
weit in die Flüssigkeit ein, bis die Auftriebskraft gleich der Gewichtskraft des
Aräometers ist. Je geringer die Dichte der Flüssigkeit, desto tiefer taucht das
Aräometer ein. Beim Eintauchen eines Aräometers in eine Flüssigkeit
schwingt es zunächst auf und ab. Ist diese Schwingung für kleine Amplituden
harmonisch? Die Reibung wird nicht berücksichtigt.

---

[1] Sinusoide Funktionen sind sinusförmige Funktionen, die aus der Sinusfunktion durch Skalierung von
Amplitude und Frequenz sowie Phasenverschiebung gebildet werden. Auf Grund der möglichen
Phasenverschiebung gehören auch die Cosinusfunktionen dazu.

Aufgabe 12: Bei einer harmonischen Schwingung beträgt die Periode 3 s und die Amplitude 16 cm. Zur Zeit t =0 befindet sich das Pendel an der höchsten Stelle. Berechne die Elongation zur Zeit t = 0.3 s und den Zeitpunkt, wann das Pendel zum ersten Mal eine Elongation von 8 cm bzw. −0.8 cm erreicht.

Aufgabe 13: Ein Federpendel schwingt harmonisch mit einer maximalen Auslenkung von 15 cm. Die Schwingung wiederholt sich alle 12 s. Zum Zeitpunkt t = 0 s befindet sich das Pendel an seiner maximalen Elongation.

a) Welche Elongation hat das Pendel zu den Zeiten t = 0 s, t = 12 s, t = 36 s, t = 156 s, t = 6 s, t = 30 s, t = 138 s, t = 3 s, t = 18 s, t = 39 s, t = 9 s und t = 33 s. Versuche, das Ergebnis durch Überlegung und ohne Rechner zu ermitteln. Eine Skizze der Schwingung könnte Dir dabei helfen.

b) Welche Elongation hat das Pendel zu den Zeiten t = 1.5 s, t = 3.5 s, t = 7 s, t = 14 s, t = 20 s, t = 36 s und t = 125 s. Um dies zu beantworten, brauchst Du den Rechner. Geht das Pendel jeweils rauf oder runter?

c) Wann erreicht das Pendel zum ersten Mal eine Elongation von 4 cm?

d) Wann erreicht das Pendel zum ersten Mal eine Elongation von 7.5 cm? Wann geschieht dies zum zweiten, dritten und vierten Mal? Hier musst Du wieder gut überlegen.

Aufgabe 14: Ein Federpendel befindet sich zur Zeit t = 0 s an seiner höchsten Stelle. Die Amplitude beträgt 50.0 cm und die Periode der Schwingung beträgt 6.0 s. Bestimme die Zeitpunkte, zu denen das Pendel zum ersten, zum zweiten und zum dritten Mal eine Elongation von −25 cm erreicht.

Aufgabe 15: An der deutschen Nordseeküste beträgt der Tidenhub 3 m (Unterschied zwischen Hoch- und Niedrigwasser). Am Mittag war Hochwasser (maximaler Wasserstand). Die Gezeiten wiederholen sich alle 12 Stunden. Der Wasserstand schwankt harmonisch. Finde eine Funktion, die den Wasserstand als Funktion der Zeit beschreibt, und beantworte folgende Fragen:

a) Welchen Wasserstand hat das Meer in 4 Stunden? Steigt oder sinkt der Wasserstand zu diesem Zeitpunkt?

b) Welchen Wasserstand hat das Meer um 6:30 Uhr am nächsten Morgen?

c) Die Fähre kann nur auslaufen, wenn der Wasserstand mindestens 1 m über dem mittleren Stand liegt. Bis wann kann die Fähre spätestens auslaufen?

d) Ab wann kann die Fähre erneut auslaufen?

Einige typische Pendel

Federpendel

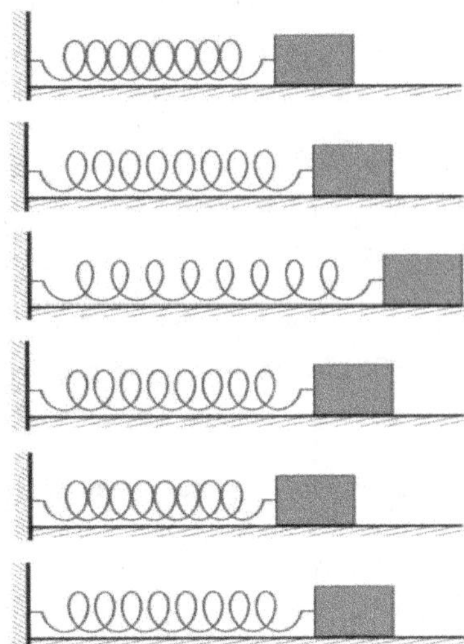

Ein Wägelchen ist mit einer ..*horizontal*.... liegenden Feder befestigt. Das Wägelchen kann sich auf seiner Unterlage ...*reibungsfrei*..... bewegen.

Auf die Masse wirkt die ...*Feder*......kraft F_F:

$$\vec{F}_F = -D \cdot \vec{y} \quad \text{(vektoriell)} \qquad F_F = D \cdot y \quad \text{(Betrag)}$$

Die Kraft .*proportional*... zur Auslenkung und die Schwingung ist also ..*harmonisch*..

Die Periode hängt nur von der ..*Masse*... und der ..*Federkonstante* ab. Ist die Masse gross, so ist die Periode ...*gross*....... . Ist die Federkonstante gross, so ist die

Periode ..*klein*... . Es gilt: $T = 2 \cdot \pi \cdot \sqrt{\dfrac{m}{D}}$.

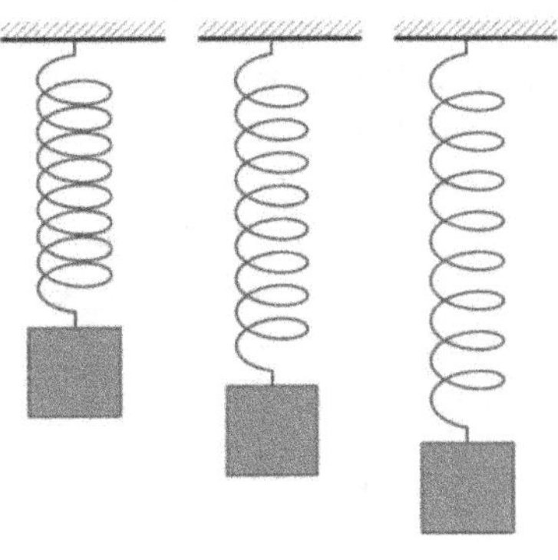

Eine Masse wird an einer ...*vertikal*..... hängenden Feder befestigt. Auf diese Masse wirkt zur Federkraft zusätzlich noch die ...*Gewichtskraft*... . Diese ist jedoch .*konstant*. und die rückstellende Kraft ist also auch hier ..*proportional*. zur Auslenkung.

Periode des Federpendels: $T = 2 \cdot \pi \cdot \sqrt{\dfrac{m}{D}}$

Aufgabe 16: An eine Schraubenfeder mit der Federkonstanten D = 15 N/m ist eine Masse von m = 200 g angehängt. Wie gross ist die Periode dieses Federpendels? In dieser und den folgenden Aufgaben wird die Masse der Feder vernachlässigt.

Aufgabe 17: Eine Schraubenfeder hat die Federkonstante D = 25 N/m. Welche Masse muss angehängt werden, damit sie in einer Minute 25 Schwingungen ausführt?

Aufgabe 18: An eine Schraubenfeder (D = 100 $^N/_m$) wird ein Körper der Masse 800 g gehängt. Der Körper wird 4 cm aus seiner Gleichgewichtslage nach unten gezogen und losgelassen. Mit welcher Frequenz schwingt der Körper?

Aufgabe 19: Hängt man einen Körper der Masse m = 400 g an eine Schraubenfeder, so wird sie um 10 cm verlängert. Mit welcher Frequenz schwingt dieses Federpendel?

Aufgabe 20: Ein Federpendel:

a) Eine vertikal hängende Schraubenfeder erfährt durch das Anhängen eines Körpers mit einer Masse von 20 g eine Verlängerung von 10 cm. Wie gross ist die Federkonstante?

b) Anstelle der 20 g wird nun eine Masse von 50 g angehängt. Wie gross ist die Schwingungsdauer dieses Pendels?

Aufgabe 21: Eine Schraubenfeder hat laut Anschrift eine Federkonstante von 8 N/m.

a) Welche Masse muss an der Feder befestigt werden, damit dieses Federpendel eine Periode $^\pi/_{10}$ s hat?

b) Wie gross ist die Elongation der Masse 1 Sekunde nach dem Durchgang durch die Gleichgewichtslage, wenn die Amplitude der Schwingung 5 cm beträgt?

Aufgabe 22: Die Masse bewegt sich nach einem Anstoss ohne Reibung harmonisch hin und her. Stelle in einem Koordinatensystem die folgenden Grössen als Funktion der Zeit graphisch dar. Verwende für alle Diagramme den gleichen Zeitmassstab.

a) Elongation   b) Geschwindigkeit   c) Beschleunigung

d) kinetische Energie   e) Spannenergie   f) totale Energie

Fadenpendel

Ein Fadenpendel besteht aus einer ...*Masse*... m und einem
...*Faden*.... mit der Länge *l*. Auf die Masse wirkt die Gewichtskraft.

Für kleine ...*Winkel*........ ist die daraus resultierende rückstellende

Kraft ...*proportional*...... zur Auslenkung.

Für kleine Winkel schwingt das Fadenpendel also *harmonisch*.

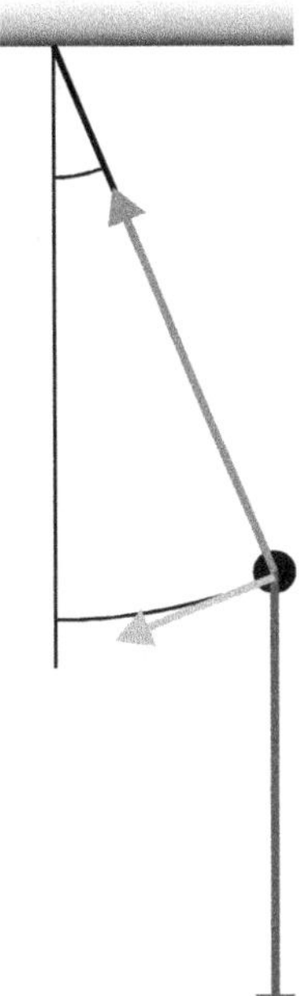

Die Periode ist umso grösser, je ...*grösser*.. die Länge des Fadens ist.
Die Periode ist umso grösser, je ...*kleiner*.. die Fallbeschleunigung ist.
Die Periode ist umso grösser, je .... die Masse der Kugel ist.
Die Periode ist umso grösser, je .... die Amplitude des Pendels ist.

Periode des Fadenpendels: $T = 2 \cdot \pi \cdot \sqrt{\dfrac{\ell}{g}}$

Aufgabe 23: Welche Grösse muss man anpassen, wenn eine Pendeluhr zu
schnell geht (Masse, Länge, Aufzugsfeder, Amplitude, …)? Ändert sich
die Taktfrequenz der Uhr, wenn die Amplitude des Pendels abnimmt?

Aufgabe 24: Ein Fadenpendel mit einer bestimmten Frequenz wird auf den
Mond gebracht. Ist dort seine Frequenz grösser, gleich oder kleiner
als auf der Erde?

Aufgabe 25: Ein Fadenpendel kann verwendet werden für
    ☐ die Messung der Zeit,
    ☐ die Messung der Fallbeschleunigung,
    ☐ die Messung von Winkeln,
    ☐ die Definition des Meters oder
    ☐ die Definition des Kilogramms.

Aufgabe 26: An einem dünnen Stahldraht von 6 m Länge ist eine kleine,
schwere Kugel aufgehängt. Bestimme die Periode dieses Pendels und
die Anzahl Schwingungen pro Minute.

Aufgabe 27: Welche Frequenz hat ein Fadenpendel von 50 cm Länge auf dem Mond?

Aufgabe 28: Im Liftschacht eines Wolkenkratzers wird ein 411 m langes Fadenpendel aufgehängt.
Wie lange dauert es, bis das Pendel von der einen Extremposition zur anderen schwingt?

Aufgabe 29: Als Sekundenpendel bezeichnet man ein Pendel, das für eine Halbschwingung genau eine Sekunde benötigt. Als man noch keine genauen Uhren hatte, wurde es zur Messung kurzer Zeitspannen und für physikalische Versuche verwendet. Berechne die Länge eines Sekundenpendels in mittlerer geographischer Breite, wenn dort die Fallbeschleunigung den Wert 9.806 m/s² hat.

Aufgabe 30: Um die Erdrotation nachzuweisen, verwendete Léon Foucault 1851 ein Pendel mit einer Länge von 67 m. Berechne die Periodendauer dieses Pendels. Warum verwendete Foucault ein sehr langes Pendel?

Aufgabe 31: An einem Pendel von der Länge 1.2 m wird für eine Schwingung die Periode T = 2.2 s gemessen. Wie gross ist die am Ort herrschende Fallbeschleunigung g?

Aufgabe 32: Untenstehend ist ein sogenanntes Hemmpendel (oder Galilei'sches Hemmungspendel) abgebildet. Beim Hemmpendel befindet sich im Abstand a senkrecht unter dem Aufhängepunkt ein Stift, gegen den der Faden des Pendels trifft, wenn das Pendel durch den tiefsten Punkt (die Gleichgewichtslage) schwingt. Dadurch entsteht links ein Pendel mit der Länge $l - a$. Wegen der Energieerhaltung schwingt das Pendel auf der linken Seite genau so hoch wie auf der rechten Seite. Ohne Stift hat das Pendel die Periode T. Die Periode wird für $0 < a < l$

a) grösser als T.   b) kleiner als T.

Die Periode verkürzt sich auf ¾T,

c) falls a = ¼l d) falls a = ¾l.

e) Es ist keine Aussage dazu möglich.

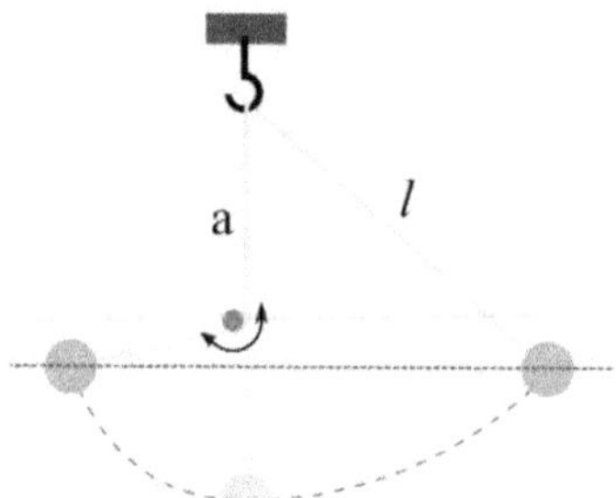

Gedämpfte Schwingung

Eine harmonische Schwingung dauert ..unendlich..

(..un gedämpfte... Schwingung).

Die Erfahrung zeigt jedoch, dass alle schwingenden Systeme

einmal ..zur Ruhe. kommen . Wir sprechen von einer

....gedämpften... Schwingung. Der Grund liegt in

der bisher vernachlässigten ...Reibung...... .

Dadurch geht dem System ..Energie.... verloren.

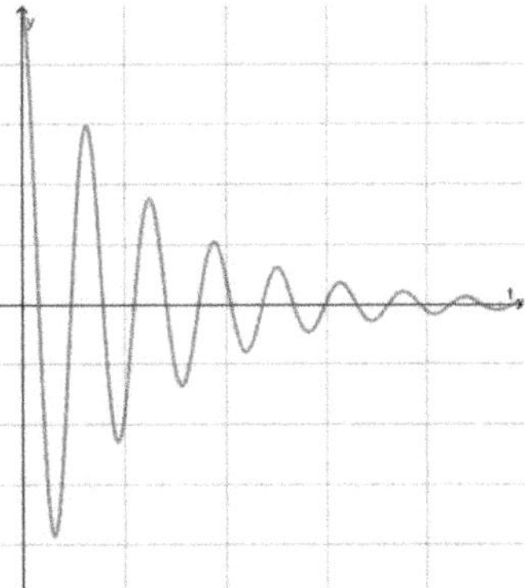

Aufgabe 33: Das Diagramm zeigt den zeitlichen Verlauf einer gedämpften Schwingung. Miss die Amplituden und berechne das Verhältnis $\hat{y}_{n+1} : \hat{y}_n$ zweier aufeinanderfolgender Amplituden. Welcher Funktionstyp beschreibt die Abnahme der Amplitude? Stelle eine Funktionsgleichung für die Elongation y auf?

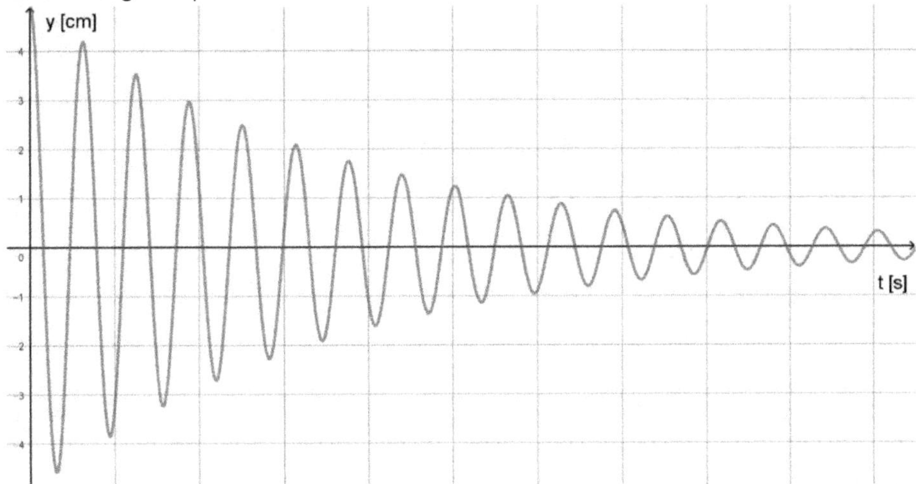

Aufgabe 34: Die Abbildung zeigt das Orts-Zeit-Diagramm einer gedämpften Schwingung. Die Masse des Schwingers beträgt m = 200 g. Bestimme die Frequenz des Pendels und die Federkonstante des Systems.

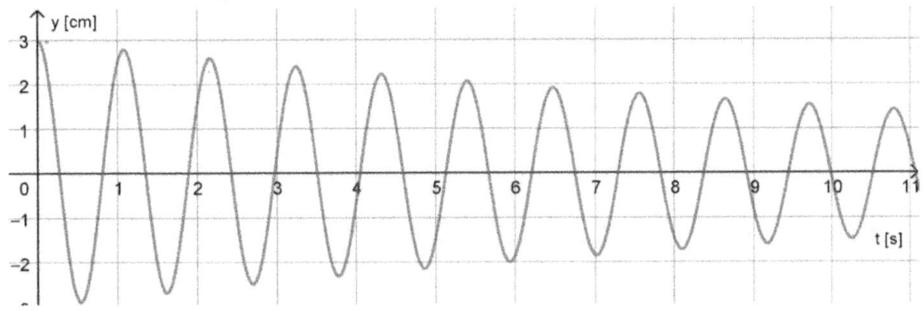

Erzwungene Schwingung

Um die Amplitude eines Pendels konstant zu halten, muss dem Pendel
...Energie...... zugeführt werden. Das Pendel wird dabei nicht

nur einmal angestossen, sondern ..periodisch. angeregt.

Wir sprechen von einer ..erzwungenen... Schwingung.

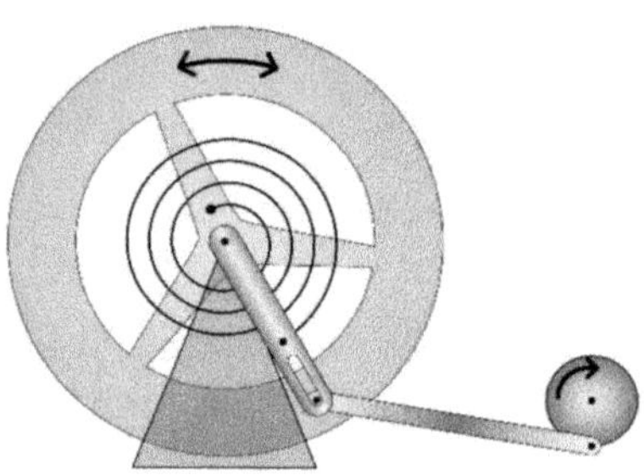

Eine Schwingung wird mit einer periodischen Kraft auf den
Schwinger erzwungen. Wir müssen also zwei Frequenzen
unterscheiden:

Frequenz f_0 des freien Pendels: ..Eigenfrequenz...

Frequenz f der äusseren Kraft: ..Erregerfrequenz

Erregerfrequenz $f \ll$ Eigenfrequenz f_0

Die Erregerfrequenz ist viel ...grösser.... als die Eigenfrequenz.

Das Pendel folgt dem Erreger.

Das Pendel schwingt mit der Frequenz des ..Erregers...
Erreger und Pendel schwingen in ..gleicher.... Phase.
Die Amplitude ist ..gleich.... der Amplitude des Erregers.

Erregerfrequenz $f \gg$ Eigenfrequenz f_0

Die Erregerfrequenz ist viel ..kleiner... als die Eigenfrequenz.

Das Pendel kann dem Erreger nicht mehr folgen.

Das Pendel schwingt mit der Frequenz des ..Erregers.
Das Pendel schwingt um ..180°... in der Phase verschoben (Gegenphase).
Die Amplitude ist ...kleiner... als die Amplitude des Erregers.

Erregerfrequenz f $\approx$ Eigenfrequenz f_0

Die Erregerfrequenz ist ...*gleich*... der Eigenfrequenz.

Das Pendel kann dem Erreger nicht mehr ganz folgen.
Die Schwingung wird stark angeregt.

Das Pendel schwingt mit der Frequenz des ...*Erregers*.

Das Pendel schwingt um ...$90°$... in der Phase zurückversetzt.

Die Amplitude ist ...*grösser*... als die Amplitude des Erregers

(...*Resonanz*...).

Ist die ...*Dämpfung*... des Systems klein, so kann die Amplitude des Schwingers sehr

...*gross*... werden (...*Resonanzkatastrophe*...)!

Aufgabe 35: Fülle diesen Lückentext aus.

Der Schwinger führt harmonische Schwingungen mit der .... Frequenz wie die Frequenz des Erregers aus.

Die Amplitude des Schwingers ist umso ...., je weniger sich die Erregerfrequenz von der Eigenfrequenz unterscheidet.

Die Bewegung des Schwingers läuft stets .... der Bewegung des Erregers her.

Aufgabe 36: Die Abbildung zeigt ein Federpendel, das angeregt wird. Gib an, ob die Erregerfrequenz grösser, gleich oder kleiner der Eigenfrequenz ist.

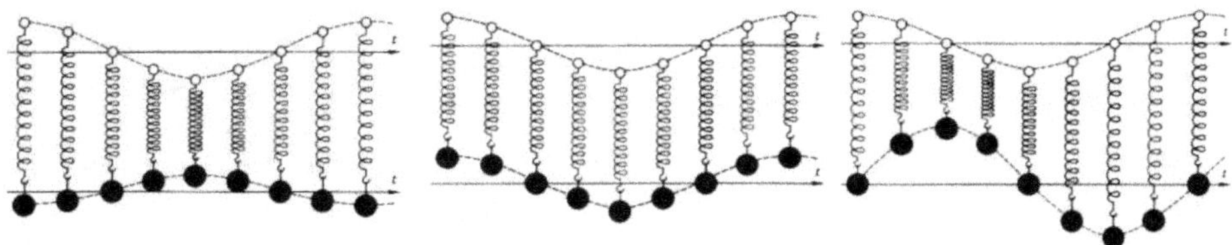

Erregerfrequenz ...... Eigenfrequenz   Erregerfrequenz ...... Eigenfrequenz   Erregerfrequenz ...... Eigenfrequenz

Aufgabe 37: Was versteht man unter dem Begriff „Resonanz"? Was ist eine Resonanzkatastrophe und unter welchen Bedingungen kann sie auftreten?

Aufgabe 38: Wie gross muss die Frequenz der erregenden Kraft sein, damit die Amplitude des Pendels möglichst gross wird

    a) bei sehr kleiner Dämpfung des Pendels?

    b) bei Dämpfung des Pendels?

Aufgabe 39: Die nebenstehend abgebildete Glocke aus dem Jahr 1038 hat eine Masse von etwa 1'000 kg. Damit die Glocke erklingt, muss sie zu grossen Schwingungen gebracht werden. Warum kann auch eine leichte Person die schwere Glocke zum Schwingen bringen?

Aufgabe 40: Im Jahr 1831 stürzte bei Manchester eine Hängebrücke ein, als Soldaten im Gleichschritt über sie marschierten. Seitdem ist es verboten, im Gleichschritt über Brücken zu marschieren. Schätze – ohne blind zu raten – die Eigenfrequenz der Brücke ab.

Aufgabe 41: Bei Resonanz ist die Phasendifferenz zwischen Erreger- und Oszillatorschwingung 90°. Weshalb wird bei dieser Phasenlage am meisten Energie übertragen?

Aufgabe 42: Die erste Tacoma-Narrows-Brücke im Bundesstaat Washington wurde 1940 gebaut, hielt jedoch nur kurze Zeit. Nach nur vier Monaten stürzte die Brücke aufgrund von Resonanzeffekten (selbsterregte Schwingung) ein. Was lässt sich über die Dämpfung der Brücke sagen?

Aufgabe 43: Ein nur schwach gedämpftes Federpendel hat eine Masse m = 0.2 kg und die Federkonstante beträgt D = 5 N/m. Es wird durch einen Motor über einen Exzenter zu erzwungenen Schwingungen mit der Frequenz f angeregt.

a) Berechne die Eigenfrequenz f_0 des Systems.

b) Wie ändert sich die Amplitude in Abhängigkeit von der Erregerfrequenz, wenn diese langsam von 0 Hz auf 3 Hz erhöht wird? Es ist nur eine qualitative Beschreibung verlangt.

c) Wie ändert sich dabei der Phasenunterschied φ zwischen Erregerschwingung und der Elongation des Pendels?

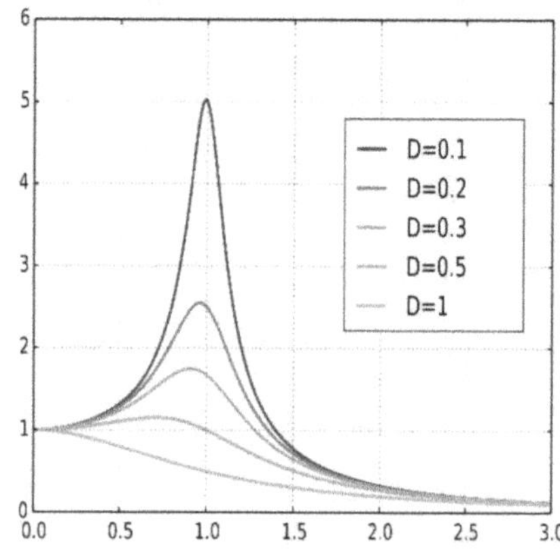

2. Wellen

Gekoppelte Pendel

Zwei ...*identische*... Pendel werden zum Beispiel

mit einer Feder ...*gekoppelt*... Die beiden Pendel

erzwingen sich so gegenseitig eine Schwingung. Zwischen

den Pendeln wird ...*Energie*.... ausgetauscht.

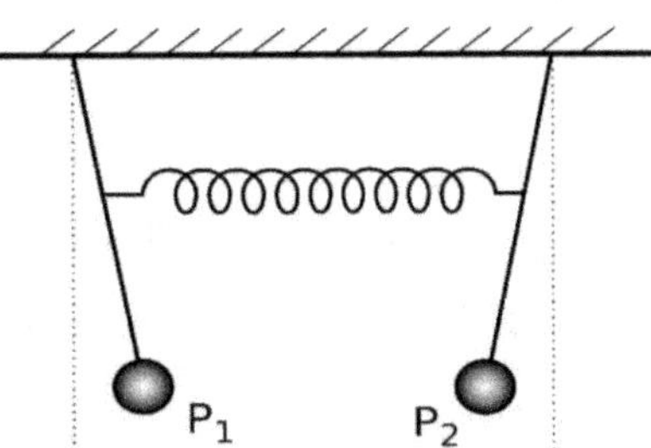

Wir betrachten nun eine Reihe von vielen identischen

..*gekoppelten*. Pendeln (Oszillatoren); es sind

also alle Pendel mit den jeweiligen Nachbarn gekoppelt.

Wird nun das erste Pendel angeregt, so wird die

Bewegung weitergegeben. Es breitet sich eine

...*Welle*..... aus.

Eine Welle besteht aus ..*gekoppelten* Oszillatoren.

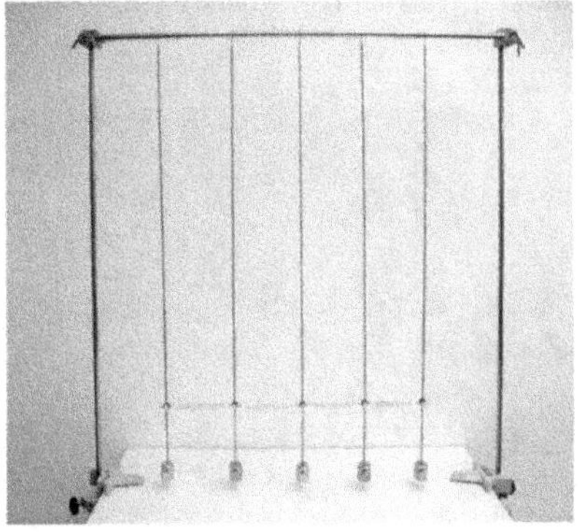

Transversal- und Longitudinalwellen

Die Welle breitet sich entlang den gekoppelten Oszillatoren fort. Die Oszillatoren können quer

(..*Transversal*wellen) oder längs (*Longitudinal*.wellen) zur Ausbreitungsrichtung schwingen.

Transversalwelle (..*quer*......)

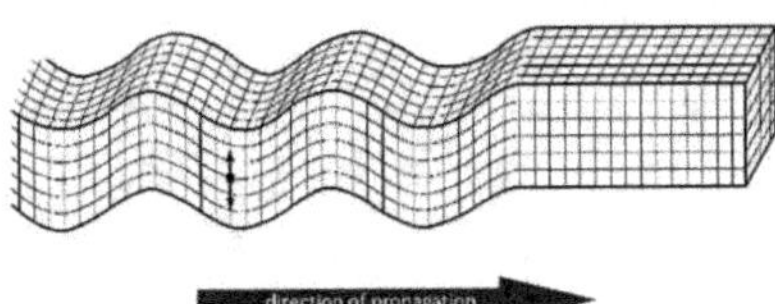

...*Wellenberge*......... und
...*Wellentäler*...............

Longitudinalwelle (..*längs*....)

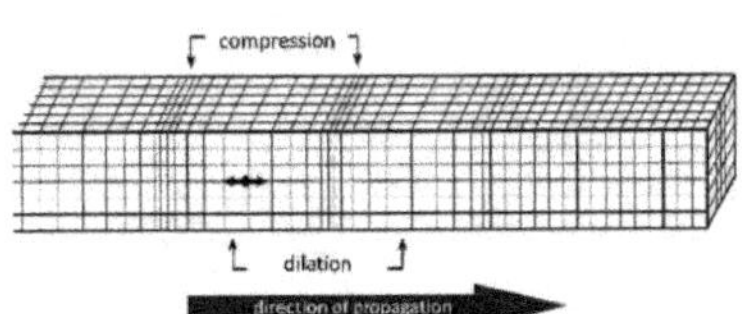

...*Verdichtungen*... und
....*Verdünnungen*......

Polarisation

Longitudinalwellen kennen nur eine Schwingungs-
art. Transversalwellen können jedoch in unterschiedlichen Ebenen schwingen.

Schwingen bei einer Transversalwelle alle

Schwinger in derselben Ebene, so heisst sie

linear polarisiert

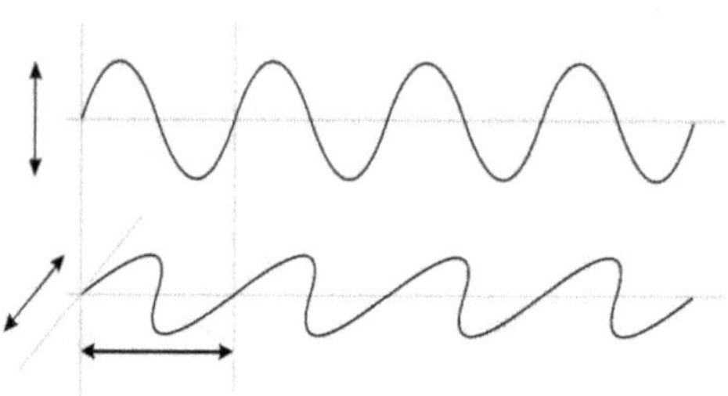

Experimente mit Polarisatoren

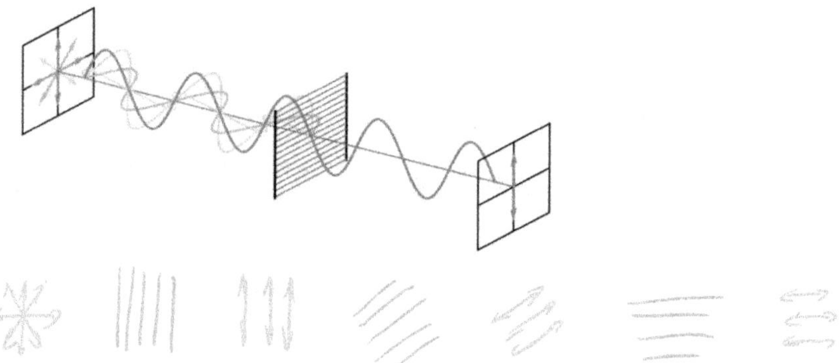

Bezeichnungen

Wir bezeichnen die Eigenschaften einer Welle wie folgt:

Amplitude $\hat{y}$	Periode T	Wellenlänge λ
Auslenkung eines Oszillators	Zeitliche Periode eines Oszillators	Räumlicher Abstand zweier Wellenberge

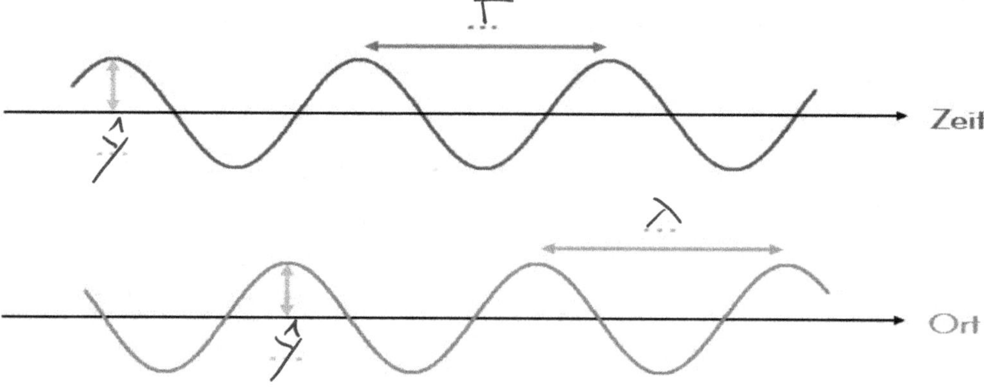

Ausbreitungsgeschwindigkeit c

Die Ausbreitungsgeschwindigkeit c ist die Geschwindigkeit, mit der sich ein ...*Wellen-*... *berg*... oder eine ...*Verdichtung*... in der Ausbreitungsrichtung verschiebt.

Während einer Schwingungsdauer T (Periode) verschiebt sich die Welle um eine ...*Wellenlänge*... λ.

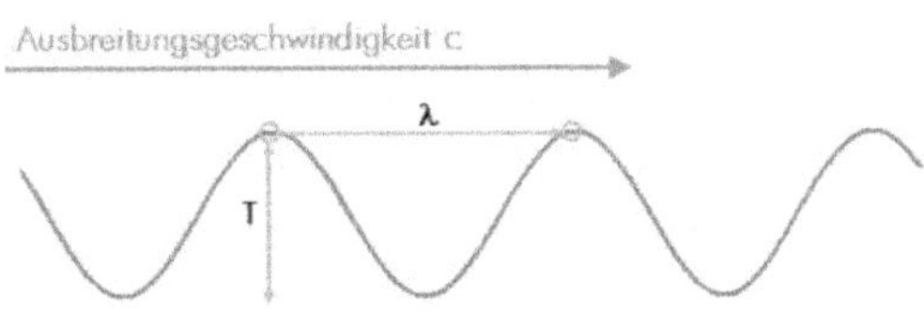

Eine Welle breite sich mit der Geschwindigkeit $= \dfrac{\text{Wellenlänge}}{\text{Periode}}$ aus.

Es gilt: $c = \dfrac{\lambda}{T}$ bzw. $c = \lambda \cdot f$ mit der Wellenlänge λ und der Frequenz f

Die einzelnen Oszillatoren (Pendel) schwingen um ihre Gleichgewichtslage, die Masse bewegt sich also im Raum ...*nicht*... fort. In einer Welle bewegt sich ...*Energie*... fort.

Aufgabe 44: Aus was besteht eine Welle? Was wird bei einer Welle transportiert?

Aufgabe 45: Was bedeutet es, wenn man sagt, dass eine Welle sowohl räumlich als auch zeitlich periodisch ist?

Aufgabe 46: Eine Welle breitet sich mit einer Geschwindigkeit von 5 m/s aus und hat eine Wellenlänge von 50 cm. Welche Frequenz hat die Welle?

Aufgabe 47: Bei einer Welle wird eine Periode von 0.50 s und eine Wellenlänge von 2.50 m gemessen. Welche Ausbreitungsgeschwindigkeit hat die Welle?

Aufgabe 48: Eine harmonische Welle breitet sich in positiver x-Richtung mit einer Geschwindigkeit von c = 4 m/s aus. Sie startet zur Zeit null am Koordinatenursprung. Ihre Amplitude beträgt 15 cm und ihre Frequenz ist 0.25 Hz. Wie gross sind die Wellenlänge und die Periode?

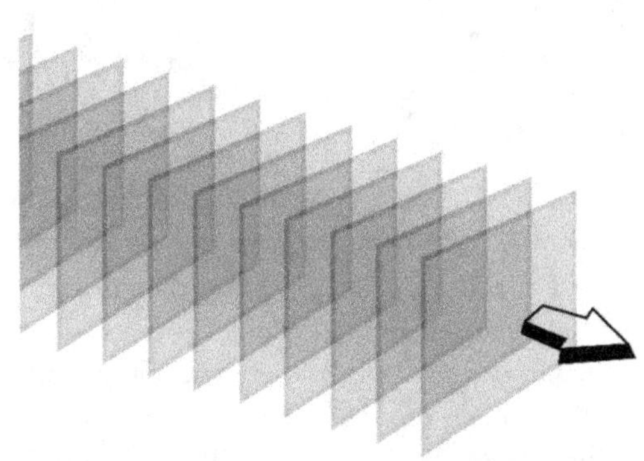

Wichtige Beispiele für Wellen

Schallwellen

Oszillatoren, wie etwa eine schwingende Saite, eine Membran, eine Stimmgabel oder Stimm-bänder bewegen sich bei niedrigen Frequenzen so langsam, dass die Luft genügend Zeit hat, sie gleichmässig zu umströmen. Bei höheren Schwingungsfrequenzen hingegen kann die Luft diesem schnellen Wechsel nicht mehr folgen. Dadurch verdichtet sich die Luftschicht unmittelbar um den Oszillator, was zu einem lokalen Druckanstieg führt. Dieser Druck breitet sich auf die benachbarten Luftschichten aus und verursacht auch dort Verdichtungen. So entsteht eine Druckwelle, die sich durch Gase, Flüssigkeiten oder Festkörper fortpflanzen kann. In Festkörpern können sich sowohl longitudinale als auch transversale Druckwellen ausbreiten, während in Gasen und Flüssigkeiten nur longitudinale Wellen auftreten.

Aufgabe 49: Die Geschwindigkeit der Schallausbreitung in der Luft wurde erstmals um 1640 vom französischen Mathematiker und Franziskanermönch Marin Mersenne bestimmt. Er nutzte dazu die Zeitdifferenz zwischen dem Sichtbarwerden des Mündungs-feuers und dem Eintreffen des Schalls eines Kanonenschusses. Die Kanone war in einer Entfernung von 2.21 km aufgestellt und der Schall erreichte den Beobachter 6.5 Sekunden nach dem Aufleuchten des Mündungsfeuers.

Marin Mersenne
*1588 Sountière; †1648 in Paris

Wenn Schallwellen auf einen Oszillator treffen, wie etwa auf die Membran eines Mikrofons, auf das Trommelfell oder auf eine Stimmgabel, können sie diesen in Schwingung versetzen.

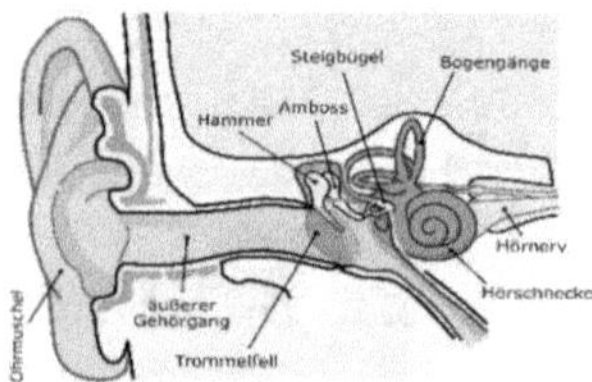

Sender und Empfänger von Schallwellen sind ..Oszillatoren..

Schallwellen sind ..Druck..wellen, die sich in einem ..Medium.. (z.B. Luft) ausbreiten.

In Gasen und Flüssigkeiten existieren nur ..longitudinale.. Schallwellen. In Festkörpern kommen sowohl ..longitudinale.. wie auch ..transversale.. Schallwellen vor.

Die Schallgeschwindigkeit in Luft beträgt bei 20°C ..343.. m/s.

Aufgabe 50: Der Kammerton ist der Referenzton, auf den die Instrumente eines Ensembles oder Orchesters gestimmt werden. Der Begriff „Kammer-"bezieht sich auf die privaten fürstlichen Gemächer, in denen früher musiziert wurde. Daher gibt es historisch einen Gegensatz zwischen „Kammerton" und „Kirchenton". Der seit einer internationalen Konferenz in London 1939 in vielen Ländern gültige Kammerton ist festgelegt auf $a' = 440$ Hz. Wie gross ist die Wellenlänge des Kammertons in Luft?

Aufgabe 51: Ein Astronaut unternimmt einen Weltraumspaziergang. Leider versagt sein Funkgerät. Er ruft seinen Kollegen um Hilfe. Wie lange benötigt der Schall, um die 50 Meter zu seinem Kollegen zu überbrücken?

Aufgabe 52: Ein Echolot ist ein nautisches Gerät, das akustisch die Tiefe von Flüssen oder Meeren misst. Dabei wird ein Signal vom Schiff zum Meeresboden gesendet und die Zeit gemessen, bis das Echo zurückkehrt. Wie tief ist das Meer, wenn die Laufzeit des Schalls 500 ms beträgt?

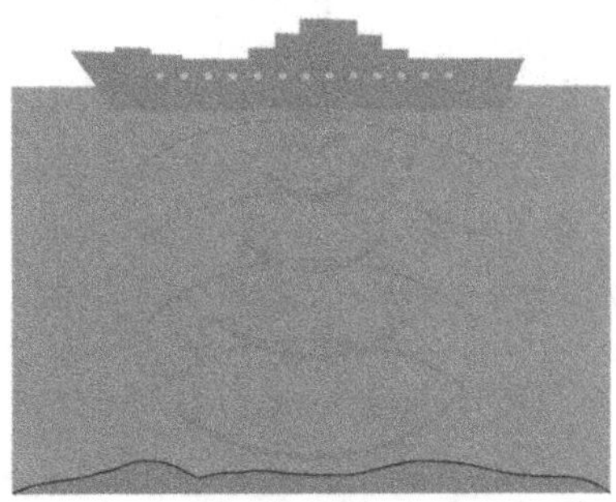

Aufgabe 53: Delfine kommunizieren unter Wasser mit Ultraschalltönen im Bereich von 80 kHz bis 200 kHz. Welchen Wellenlängen entsprechen diesen Frequenzen?

Aufgabe 54: Eine Welle besteht aus Oszillatoren. Bei einem Oszillator wechselt der Zustand des Körpers periodisch. So wird beim Fadenpendel zwischen hoher Lage und grosser Geschwindigkeit abgewechselt. Welche zwei Grössen schwingen in einer Schallwelle?

Aufgabe 55: Lange Zeit wurde vermutet, dass die Höhe eines Tones ausschliesslich von der Frequenz der Schallwelle abhängt. Der deutsche Physiker Johann Seebeck bestätigte diese Annahme und mass um 1840 die Frequenz der Töne. Zu diesem Zweck nutzte er eine Kreisscheibe, auf der in konzentrischen Kreisen gleichmässig verteilte Löcher mit den Anzahlen 24, 27, 30, 32, 36, 40, 45 und 48 angebracht waren. Bei gleichmässiger Drehung der Scheibe und Anblasen der Lochreihen mit einem Luftstrom erklingt eine Tonfolge, die als Dur-Tonleiter bekannt ist. Wird die Drehgeschwindigkeit der Scheibe erhöht, steigen die

c bei 20°C		c in Luft	
Medium	c [m/s]	ϑ [°C]	c [m/s]
Luft	343	−30	312.77
Helium	981	−20	319.09
Wasser	1'484	−10	325.35
Eis	3'250	0	331.50
Öl	1'740	10	337.54
Glas	5'300	20	343.46
Beton	3'100	30	349.29
Holz	3'300	40	354.94
Eisen	5'170	50	360.57

Frequenzen und damit auch die Tonhöhen, doch der charakteristische Klang der Tonleiter bleibt unverändert. Als Intervall (von lat. intervallum = „Zwischen-Tal") bezeichnet man in der Musik den wahrgenommenen Abstand der Tonhöhen zwischen zwei gleichzeitig oder nacheinander erklingenden Tönen.

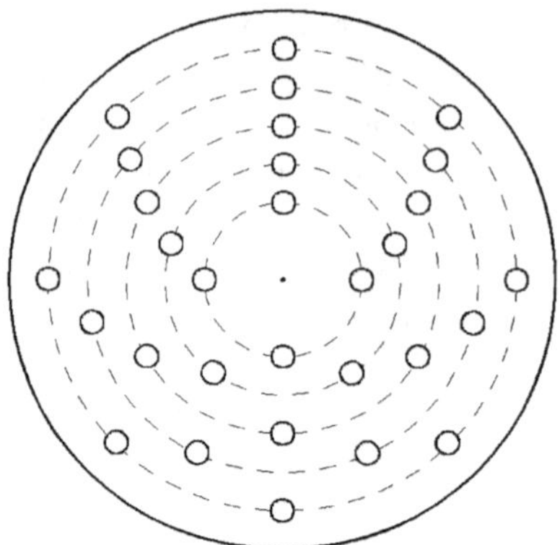

a) Fülle nun den folgenden Lückentext aus.

b) Berechne die Frequenz der Schallwelle, die durch die Reihe mit 40 Löchern erzeugt wird, wenn die Scheibe 11 Umdrehungen pro Sekunde macht.

c) Welches Verhältnis besteht zwischen den Frequenzen der Schallwellen, die durch die Bahn mit 36 Löchern erzeugt und jenen, die durch die Bahn mit 24 Löchern erzeugt werden?

Die ......*Tonhöhe*...... wird durch die Frequenz der Schallwelle festgelegt.

Das ......*Intervall*...... zweier Töne wird durch das Frequenzverhältnis $f_2 : f_1$ bestimmt.

Aufgabe 56: Eine Lochsirene mit drei konzentrischen Reihen erzeugt einen Dreiklang aus drei Tönen innerhalb einer Oktave. Der tiefste Ton dieses Dreiklangs wird durch eine Reihe mit 36 Löchern erzeugt. Zusätzlich werden zwei höhere Töne gespielt: eine grosse Terz und eine Quinte über dem tiefsten Ton.

    a) Wie viele Löcher enthalten die beiden anderen Reihen?

    b) Bei welcher Drehzahl hat der tiefste Ton eine Frequenz von 540 Hz?

Aufgabe 57: Eine Violinistin und ein Kontrabassspieler haben ihre Instrumente mit einer Stimmgabel auf den Kammerton a' (eingestrichenes a) gestimmt. Dabei beträgt die Frequenz des a' 440Hz. Welche Frequenz haben folgende Töne?

    a) Violinensaite d' (d' ist eine Quinte abwärts von a')?

    b) Violinensaite g (g ist zwei Quinten abwärts von a')?

    c) Kontra-E (Kontra-E ist drei Oktaven und eine Quarte unterhalb von a')?

    d) c'' (eine kleine Terz aufwärts von a')?

Ton	f [Hz]	Intervall $f_2 : f_1$	
c'	264	1 : 1	Prim
d'	297	9 : 8	Sekund
es'	317	6 : 5	kl. Terz
e'	330	5 : 4	gr. Terz
f'	352	4 : 3	Quart
g'	396	3 : 2	Quint
a'	440	5 : 3	Sext
h'	495	15 : 8	Septim
c''	528	2 : 1	Oktav

Die C-Dur-Tonleiter

Aufgabe 58: Bei der heute gebräuchlichen, gleichschwebenden Stimmung hat jeder Halbton dasselbe Frequenzintervall. Eine Oktave wird dabei in zwölf gleich grosse Halbtöne unterteilt. Welches Frequenzverhältnis, also welches Intervall, ergibt sich daraus für einen Halbton?

Wasserwellen (und Sand)

Wasserwellen sind Oberflächenwellen, die an der Grenzschicht zwischen Wasser und Luft entstehen. Sie stellen äusserst komplexe physikalische Phänomene dar. Beobachten wir beispielsweise ein Stück Treibholz auf dem Wasser, so bewegt es sich bei einem herannahenden Wellenberg zunächst leicht rückwärts, dann aufwärts und vorwärts, um schliesslich wieder nach unten zu sinken. Die rückstellende Kraft, die dabei wirkt, ist die Schwerkraft. Gekoppelt sind die Oszillatoren über Kräfte zwischen den Molekülen des Wassers.

Wasserwellen sind ..... *Schwerewellen* ... an der .. *Oberfläche*

von Wasser. Wasserwellen schwingen hauptsächlich . *Transversalwellen* ....,

haben jedoch auch einen . *longitudinalen* .... Anteil.

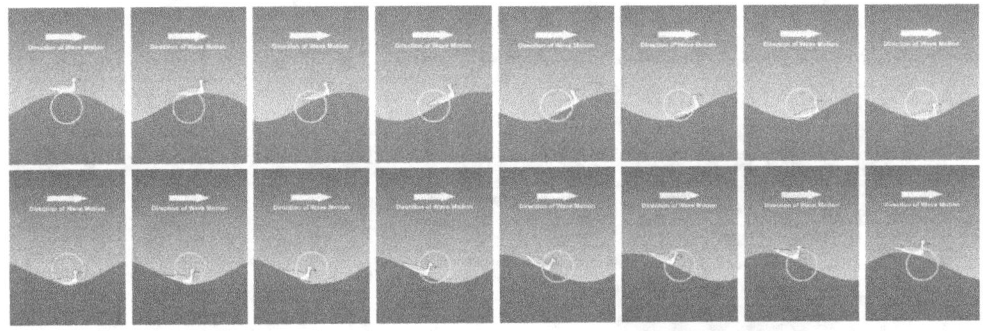

Aufgabe 59: Als Dünung bezeichnet man Wasserwellen, die aus ihrem Entstehungsgebiet herausgelaufen sind. In der Dünung haben sich Ordnungsmechanismen durchgesetzt und zu einer Homogenisierung der Wellenstruktur (Wellenhöhe, Wellenlänge, Periode, Richtung) geführt. Du beobachtest am Meer die Dünung. Eine Boje steigt auf den Wellen auf und ab und hat eine Schwingungsdauer von 3.2 s. Die Wellenlänge schätzt Du auf 35 m. Mit welcher Geschwindigkeit breiten sich die Wellen aus?

Aufgabe 60: Sind Oberflächenwellen auf Wasser Longitudinal- oder Transversalwellen?

Aufgabe 61: Im Sand der nebenstehenden Düne hat sich eine Welle gebildet. Welche Frequenz hat diese Welle, wenn der Abstand zwischen zwei Wellenbergen (Wellenlänge) 15 cm beträgt und der Abstand Berg-Tal 10 cm ist (doppelte Amplitude)?

Seismische Wellen

Seismische Wellen sind mechanische Wellen, die durch ein Erdbeben verursacht werden. Sie breiten sich vom Epizentrum in alle Richtungen aus. Seismische Wellen breiten sich als Raumwellen oder als Oberflächenwellen aus.

Bei den Raumwellen handelt es sich, genau wie bei Schallwellen, um Druckwellen in einem Medium. Die Einteilung der Oberflächenwellen in P-Wellen (Primärwellen) und S-Wellen (Sekundärwellen) bezieht sich darauf, dass erstere sich schneller ausbreiten: An einem vom Epizentrum entfernten Ort treffen zuerst die P-Wellen und später die S-Wellen ein. P-Wellen sind Longitudinalwellen, d. h., sie schwingen in Ausbreitungsrichtung. Sie können sich in festen Gesteinen, aber auch in den flüssigen Teilen des Erdinneren ausbreiten. Die S-Wellen schwingen quer zur Ausbreitungsrichtung (Transversalwelle). S-Wellen können sich in festen Körpern, jedoch nicht in Flüssigkeiten oder Gasen ausbreiten.

Bei den Oberflächenwellen lassen sich Rayleigh-Wellen (der Boden rollt in einer elliptischen Bewegung ähnlich wie Meereswellen) und Love-Wellen (der Boden bewegt in horizontaler Richtung, senkrecht zur Ausbreitungsrichtung) unterscheiden.

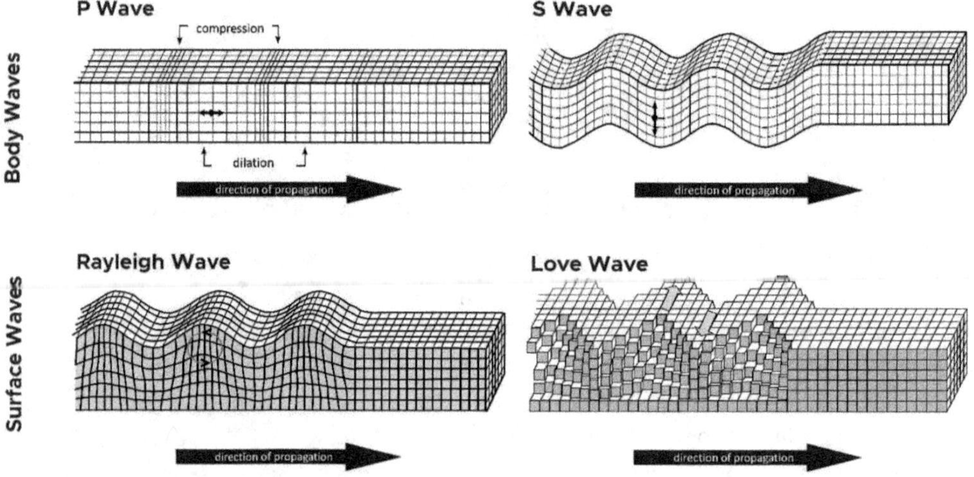

Aufgabe 62: Eine bei einem Erdbeben ausgelöste seismische P-Welle hat eine Wellenlänge von 480 m und eine Periode von 0.1 s. Mit welcher Geschwindigkeit breitet sich die Welle aus?

Aufgabe 63: In der nebenstehenden Figur ist ein Querschnitt der Erde abgebildet. Die Erde ist grösstenteils fest. Der äussere Kern ist jedoch flüssig. In Ankara hat die Erde gebebt. Welche Typen von Raumwellen (longitudinal, transversal) enthalten die seismischen Wellen, die in

a) Bern (in der Schweiz) und in

b) Punta Arenas (im Süden von Chile)

detektiert werden?

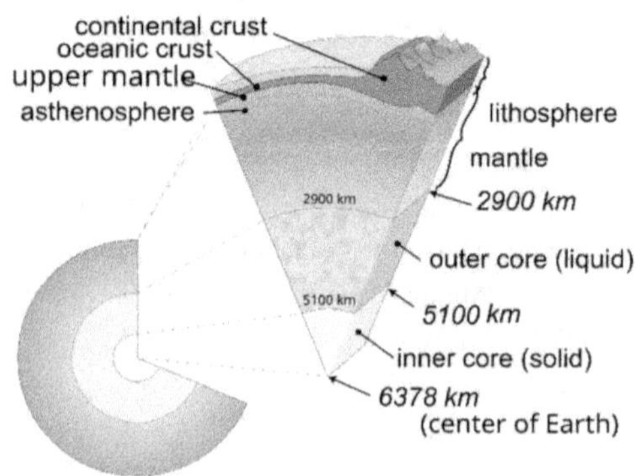

Elektromagnetische Wellen

Als *elektromagnetische Welle* bezeichnet man eine Welle aus gekoppelten **elektrischen**
und **magnetischen** Feldern. Beispiele für elektromagnetische Wellen sind
Licht, Radiowellen, Röntgen, Mikrowellen ...

Das sichtbare Licht umfasst ca. eine **Oktave** und hat Wellenlängen zwischen
ca. 380 nm (**violett**) bis ca. 780 nm (**rot**).
Elektromagnetische Wellen breiten sich im **Vakuum** mit **Licht-**
geschwindigkeit aus.

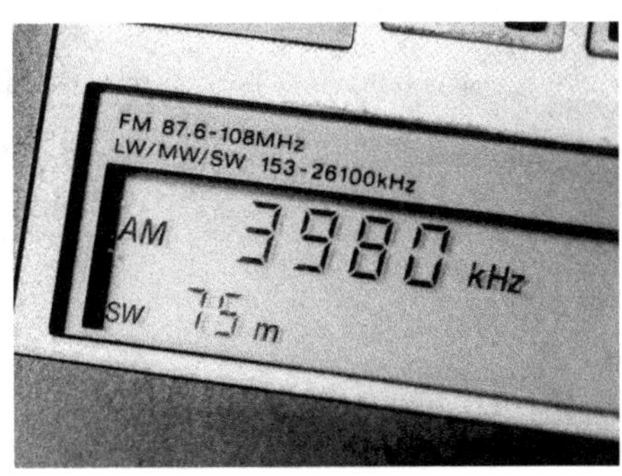

Höhen-strahlung	Gamma-strahlung	harte- mittlere- weiche- Röntgenstrahlung	UV-C/B/A Ultraviolett-strahlung	Infrarot-strahlung	Terahertz-strahlung	Radar MW-Herd Mikrowellen	UHF UKW VHF Kurzwelle Rundfunk	Mittelwelle Langwelle	hoch- mittel- nieder-frequente Wechselströme			
1 fm	1 pm	1 Å 1 nm		1 µm	1 mm 1 cm		1 m		1 km			1 Mm

Wellen-länge (m)	10^{-15}	10^{-14}	10^{-13}	10^{-12}	10^{-11}	10^{-10}	10^{-9}	10^{-8}	10^{-7}	10^{-6}	10^{-5}	10^{-4}	10^{-3}	10^{-2}	10^{-1}	10^{0}	10^{1}	10^{2}	10^{3}	10^{4}	10^{5}	10^{6}	10^{7}
Frequenz (Hz)	10^{23}	10^{22}	10^{21}	10^{20}	10^{19}	10^{18}	10^{17}	10^{16}	10^{15}	10^{14}	10^{13}	10^{12}	10^{11}	10^{10}	10^{9}	10^{8}	10^{7}	10^{6}	10^{5}	10^{4}	10^{3}	10^{2}	
		1 Zetta-Hz		1 Exa-Hz			1 Peta-Hz			1 Tera-Hz			1 Giga-Hz			1 Mega-Hz			1 Kilo-Hz				

Aufgabe 64: Ein Weltempfänger ist ein Radiogerät, das sich besonders für den Empfang von Kurzwellenrundfunksendern eignet. Der Name ergibt sich aus der Tatsache, dass Kurzwellen sich von einem einzigen Sender aus über den gesamten Globus ausbreiten und so weltweit empfangen werden können. Das Bild zeigt das Display eines solchen Radios , auf dem Frequenz und Wellenlänge angezeigt sind. Welche Ausbreitungsgeschwindigkeit ergibt sich daraus für Radiowellen?

Aufgabe 65: Berechne die Frequenz der Radiowellen mit den folgenden Wellenlängen. Gib die Resultate in Hz ohne Zehnerpotenzen, jedoch mit Vorsätzen (also z.B. 125 MHz) an.

a) 1 km (Langwellen)   b) 30 m (Mittelwellen)   c) 1 m (Kurzwellen)

Aufgabe 66: Der verlorene Astronaut aus der obenstehenden Aufgabe hat verstanden, dass Rufen nichts nutzt. Nun winkt er verzweifelt. Können ihn seine Kollegen im Vakuum sehen?

Intensität von Wellen

Die Schallleistung P einer Schallquelle ist die pro Zeiteinheit von einer Schallquelle abgegebene Schallenergie. Die Schallleistung beschreibt die Stärke der … *Schallquelle* … und nicht der Schallwelle. Die Schallintensität bezeichnet die Schallleistung pro Flächeneinheit. Sie beschreibt die Stärke der … *Schallwelle* … . Sie wird durch die … *Amplitude* … bestimmt.

Die Energieflussdichte bzw. die *Schallintensität J* ist wie folgt definiert:

$$J = \frac{P}{A} \qquad\qquad [J] = \frac{W}{m^2}$$

Das Abstandsgesetz

Das Abstandsgesetz beschreibt die Abnahme einer physikalischen Grösse mit wachsender Entfernung zur Quelle. Voraussetzungen sind eine punktförmige Quelle, die isotrop – also in alle Richtung gleich stark, nicht gerichtet – emittiert.

Für die Intensität J im Abstand r von einer Quelle gilt im Verhältnis zur Intensität J_0 im Abstand r_0 (*Abstandsgesetz*)

$$J = J_0 \cdot \frac{r_0^2}{r^2}$$

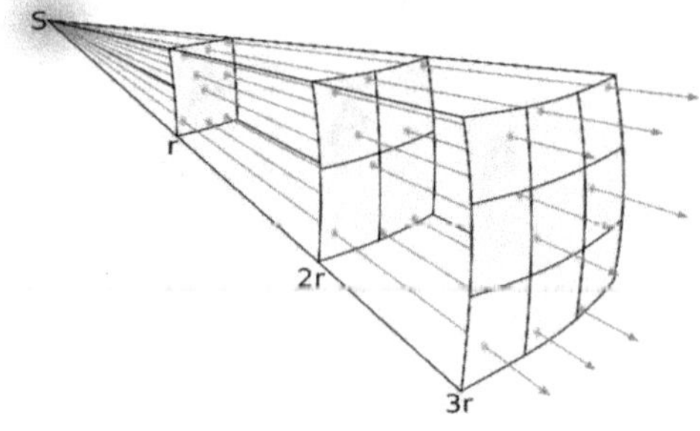

Der Schallpegel

Der Schalldruckpegel wächst logarithmisch, also viel … *langsamer* … als die Schallintensität.

Das Fechner'sche-Gesetz besagt, dass die vom Menschen wahrgenommene … *Lautheit* … proportional zum Schallpegel und nicht zur Schallintensität zunimmt.

Der *Schallpegel L* in Bel ist

$$L = \log\frac{J}{J_0} \qquad\qquad [L] = Bel$$

bzw. in den gebräuclichen *Dezibel*

$$L = 10 \cdot \log\frac{J}{J_0} \qquad\qquad [L] = dB$$

mit $J_0 = 10^{-12}\ W\cdot m^{-2}$.

(… *Hörschwelle* …)

Intensität J [10^{-12} Wm^{-2}]	L [dB]	Beispiel
1	0	Hörschwelle bei 2 kHz
10	10	Blätterrauschen, ruhiges Atmen
100	20	Flüstersprache
10'000	40	Unterhaltungssprache
1'000'000	60	Schreibmaschinengeklapper
100'000'000	80	Motorrad
10'000'000'000	100	Motorrad ohne Auspuff
1'000'000'000'000	120	Gehörschäden
25'118'864'315'095	134	Schmerzgrenze
100'000'000'000'000	140	Gewehrschuss (Abstand 1 m)
1'000'000'000'000'000	150	Düsenflugzeug (Abstand 30 m)

Die Phon-Skala

Der Schallpegel ist lediglich eine Annäherung an die wahrgenommene Lautheit. Für physiologische Zwecke weist er jedoch einen bedeutenden Nachteil auf: Töne unterschiedlicher Frequenzen, die denselben Schallpegel aufweisen, werden unterschiedlich laut wahrgenommen. Die Phon-Skala ist eine .. *psychoakustische* .. Skala, die diese Abweichung berücksichtigt. Sie ist so eingerichtet, dass Töne mit derselben Phonzahl als gleich laut empfunden werden. Die Einheit „Phon" des Lautstärkepegels ergibt sich aus Isophonen, den Kurven gleicher Lautstärkeempfindung (Lautheit) in einem Diagramm mit den Achsen Schalldruckpegel und Frequenz. Bei einer Frequenz von 1'000 Hz stimmt die Phon-Skala mit der Dezibel-Skala überein.

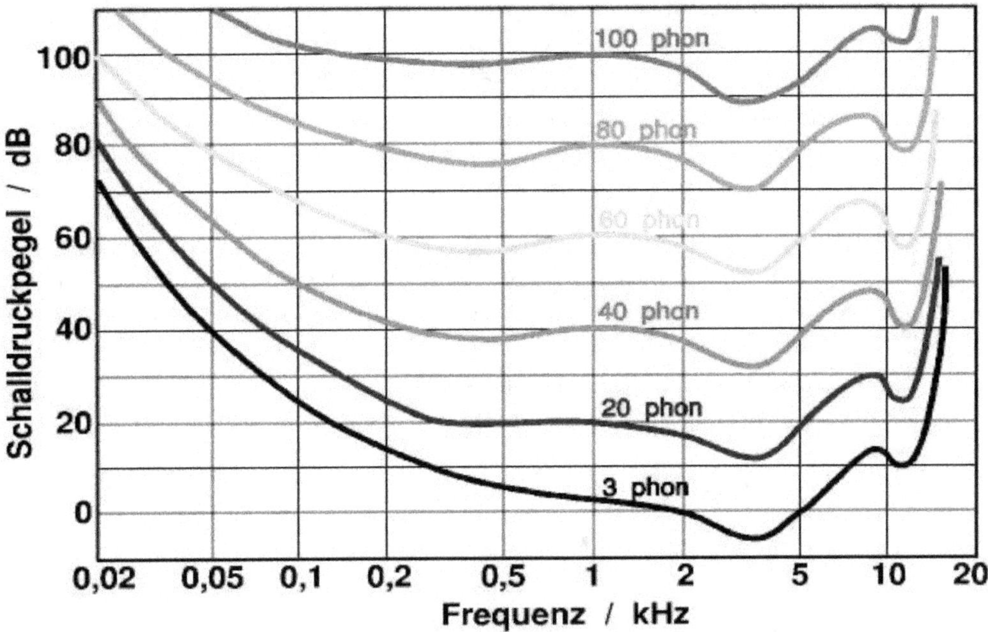

Aufgabe 67: Berechne den Schallpegel in dB einer Intensität von $5 \cdot 10^{-6}$ W/m^2.

Aufgabe 68: Wenn mehrere Schallquellen gleichzeitig senden, werden deren Intensitäten addiert. In einem Konzertsaal erzeugt ein Sänger eine Lautstärke von 65 dB.

    a) Welchen Pegel erzeugen 2 Sänger?

    b) Welchen Pegel erzeugen 50 Sänger?

    c) Wie viele Sänger braucht es, um einen Pegel von 70 dB zu erreichen?

    d) Wie viele Sänger sind nötig, um einen Pegel von 85 dB zu erreichen?

Aufgabe 69: In einem Raum erzeugt eine Gruppe mit

    a) vier Kammermusikerinnen die Lautstärke von 80 dB,

    b) vier Rockmusikerinnen die Lautstärke von 120 dB.

Wie viele Musikerinnen müssen jeweils dazukommen, wenn die Lautstärke um 4 dB erhöht werden soll?

Aufgabe 70: Ein älterer Jumbo-Jet erzeugt beim Start in einer Entfernung von 100 Metern einen Schallpegel von 95 dB. Wie gross ist der Schallpegel in einer Entfernung von 1 Kilometer?

Aufgabe 71: Bestimme die Intensität eines Tons, den wir als "piano" (60 Phon) hören, wenn der Ton die Frequenz von a) 1 kHz bzw. von b) 100 Hz hat.

Aufgabe 72: Das Gesetz regelt die maximale erlaubte Ausgangsleistung von Musikanlagen in Diskotheken. Für Diskotheken gilt ein maximaler Pegel von 93 Phon.

   a) Warum wird der Grenzwert in Phon und nicht in dB angegeben?

   b) Eine Messung in einer Diskothek haten ein Pegel von bis zu 110 Phon ergeben. Vergleiche diesen Wert mit dem Grenzwert, indem Du das Verhältnis der Schallintensitäten für Töne mit einer Frequenz von 1'000 Hz berechnest.

Aufgabe 73: Ein Frequenzgenerator erzeugt einen Ton mit der Frequenz von 1'000 Hz und einem Schallpegel von 40 dB. Reduziert man die Frequenz auf 100 Hz und erhöht anschliessend die Ausgangsleistung des Generators, bis man subjektiv die gleiche Lautheit in Phon wie beim ursprünglichen Ton wahrnimmt, hört man einen anderen Ton.

   a) Welche Lautheit in Phon empfindet man bei diesem Ton?

   b) Wie hoch ist der Schallpegel des Tones?

Aufgabe 74: Eine Alarmanlage erzeugt einen Warnton mit einer Frequenz von 1'000 Hz und einer Schallleistung von 1.0 W.

   a) Wie gross sind die Schallintensität und der Schallpegel in 10 m Entfernung?

   b) In welcher maximalen Entfernung könnte der Ton theoretisch noch gehört werden, wenn der Schall in Luft nicht gedämpft würde?

Aufgabe 75: Ein Rührwerk verursacht Lärm mit einer Leistung von 0.4 mW. Wie gross sind die Schallintensität in W/m^2 und der Schallpegel in dB des Rührwerks in a) 1 m Entfernung und in b) 2 m Entfernung?

Aufgabe 76: Der Schallpegel eines Autos beträgt in 10 m Entfernung 70 dB. Wie hoch ist der Schallpegel in a) 20 m bzw. in b) 30 m Entfernung?

Überlagerung von Wellen

Bisher haben wir uns immer nur auf eine einzelne Welle konzentriert. In der Realität breiten sich jedoch oft viele Wellen gleichzeitig aus: So spielen in einem Orchester zahlreiche Instrumente gleichzeitig, oder zwei Schiffe passieren einander.

Zwei Wellen durchdringen einander, ...ohne... sich gegenseitig zu beeinflussen.

An der Überlagerungsstelle erhält man die Elongation der resultierenden Welle, indem man die Elongationen der Einzelwellen .....addiert...... .

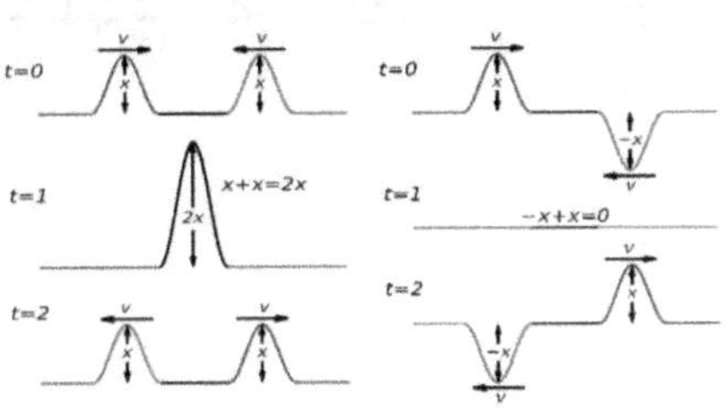

Interferenz zweier Wellen gleicher Frequenz

Aufgabe 77: Wir untersuchen die Interferenz (Überlagerung) zweier Wellen mit identischer Frequenz und Amplitude an einem bestimmten Ort. Zeichne die resultierende Überlagerung dieser Wellen, indem Du zu jedem Zeitpunkt die Amplituden der beiden Wellen (auf der horizontalen Achse) summierst.

Phasenunterschied: 0°
Verschiebungsdauer: 0

Phasenunterschied: 180°
Verschiebungsdauer: T/2

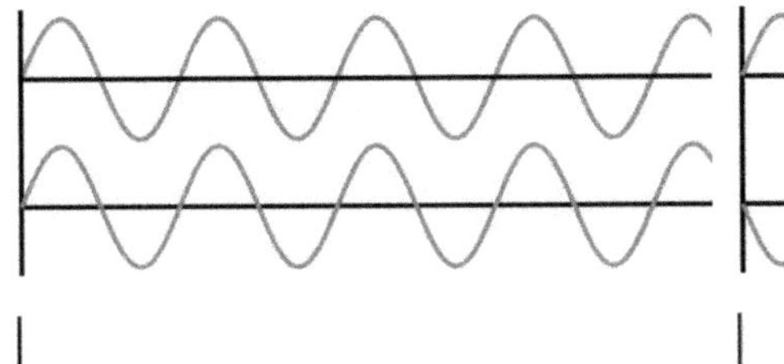

...Verstärkung...
...konstruktive... Interferenz

...Auslöschung...
...destruktive... Interferenz

Überlagern sich zwei Wellen mit gleicher Wellenlänge, so ergibt sich eine Welle mit grösserer Amplitude. Die beiden Wellen könne sich gegenseitig verstärken (...konstruktive...

Interferenz) oder auslöschen (...destruktive... *Interferenz)*.

Leicht unterschiedliche Wellenlängen (Schwebung)

Wenn sich zwei Wellen in ihrer Frequenz …*leicht*……. unterscheiden, verändert sich der

…*Phasenunterschied*…. dauernd. Konstruktive und destruktive Interferenz

wechseln sich dabei regelmässig ab. Dadurch schwankt die Lautstärke periodisch – es kommt zu

Schwebung…

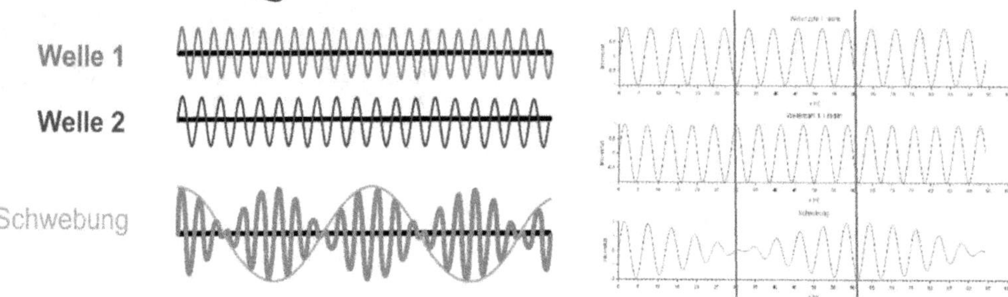

Satz von Fourier

Die grosse Bedeutung harmonischer Wellen besteht darin, dass sie die Grundbausteine aller periodischen Signale sind.

Jede Welle, d.h. jedes periodische Signal, lässt sich aus harmonischen Wellen zusammensetzen.

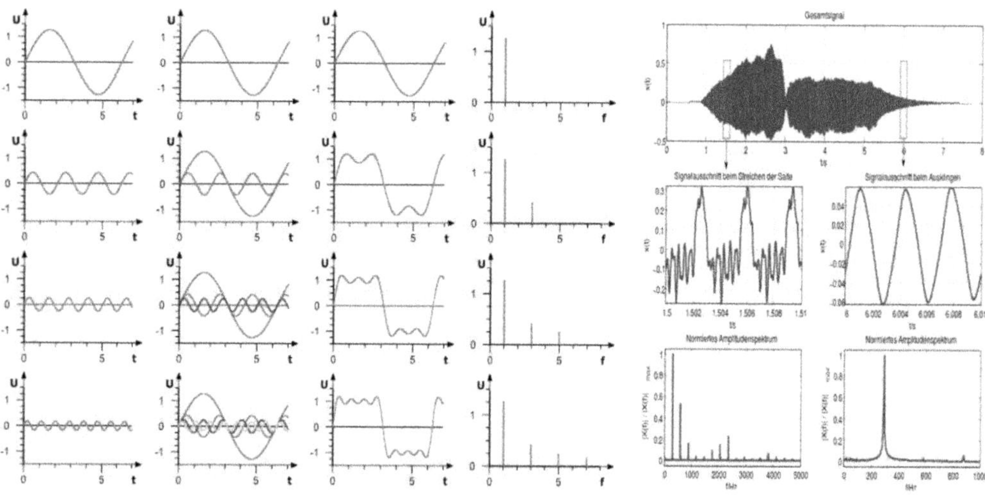

Fourier-Synthese eines Rechtecksignals. Je mehr Wellen überlagert werden, umso mehr nähert sich die Superposition einem Rechtecksignal an.

Zeitlicher Verlauf der Amplitude des Klangs einer Saite sowie dessen Frequenzspektrum.

Stehende Wellen

Wir lassen zwei identische Wellen aufeinander zulaufen. In der Abbildung nebenan sind Momentaufnahmen dieser beiden Wellen (farbige Linien) sowie ihrer Überlagerung (schwarze Linie) zu sehen. Auffällig ist, dass es Punkte gibt, an denen die Amplitude konstant null bleibt – diese Punkte nennt man Knoten. Zwischen den Knoten befinden sich Bereiche, in denen die Amplitude besonders gross ist, sogenannte Bäuche. Die Welle selbst bewegt sich nicht fort – sie ist stationär und man spricht von einer stehenden Welle.

Zwei _gegeneinander_ laufende, sonst jedoch _identische_ Wellen erzeugen eine _stehende_ Welle. Zwischen zwei benachbarten _Knoten_ bzw. _Bäuchen_ liegt eine halbe Wellenlänge.

Schwingende Saite (zwei feste Enden)

Eine Saite wird an beiden Enden eingespannt. An den Enden müssen sich also _Knoten_ befinden.

Für die Frequenzen gilt also:

$$f_1 = \frac{c}{2L} \quad \text{(Grundton)} \qquad f_n = n \cdot f_1 \quad \text{(Obertöne)}$$

mit $n = 1, 2, 3, \ldots$

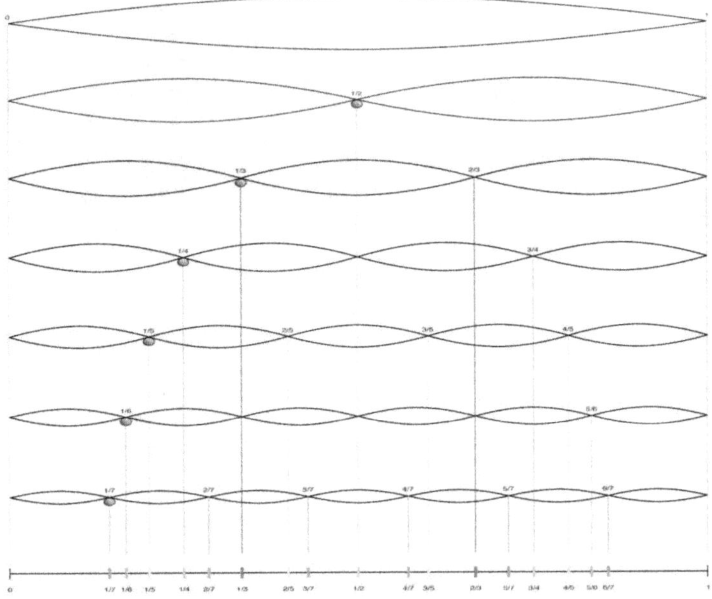

Aufgabe 78: Kopfhörer mit Noise-Cancelling-Technologie bieten aktiven Lärmschutz. Sieh Dir die nebenstehende Skizze an und erkläre, wie diese Technologie funktioniert.

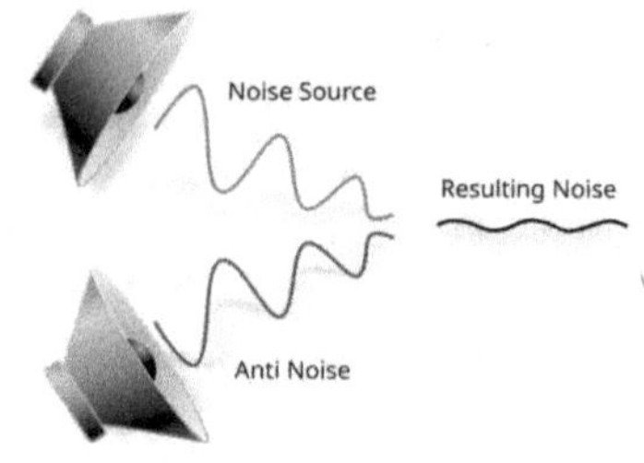

Aufgabe 79: Die Wellengeschwindigkeit auf einer beidseitig eingespannten Saite mit einer Länge von 80.0 cm beträgt 297 m/s.

a) Berechne die Frequenz des Grundtons sowie die Frequenzen des ersten und des zweiten Obertons.

b) Skizziere die Schwingungen der Saite für alle drei Töne.

Aufgabe 80: Eine Violinensaite hat eine Länge von 330 mm. Wenn sie gezupft wird und frei schwingt, erzeugt sie den Grundton a' (f = 440 Hz). Wie gross ist die Ausbreitungsgeschwindigkeit der Transversalwellen auf dieser Saite?

Aufgabe 81: Das Klangbild einer E-Gitarre verändert sich deutlich je nach Position des Tonabnehmers. Deshalb haben die meisten Elektrogitarren mehrere Tonabnehmer. Warum beeinflusst die Position des Tonabnehmers das Klangbild?

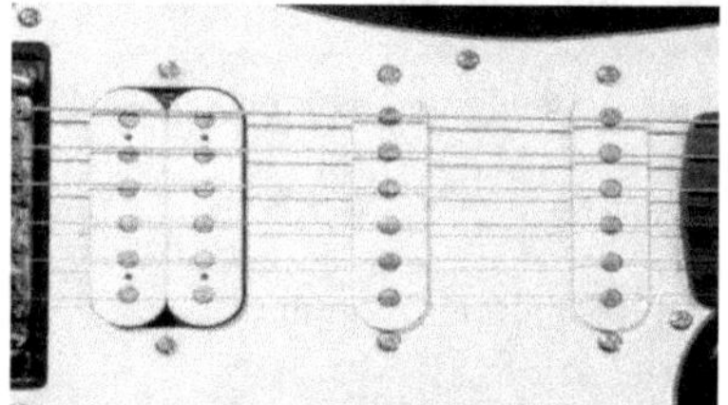

Aufgabe 82: Wie lang muss eine Flöte (ohne Mundstück) mindestens sein, um darauf den Ton a' (440 Hz) spielen zu können?

Aufgabe 83: Die Orgel im Passauer Dom ist mit ihren 17'974 Pfeifen und 233 Registern die grösste katholische Kirchenorgel der Welt und zugleich die grösste Orgel Europas. Die längste Pfeife erzeugt einen Ton von 16 Hz, was an der unteren Hörgrenze des Menschen liegt. Wie lang ist diese offene Pfeife?

Der Doppler-Effekt

Als Doppler-Effekt bezeichnet man die Veränderung der ...*Frequenz*... von Wellen, während sich der ...*Sender*... und der ...*Empfänger*... relativ zueinander bewegen. Nähern sich Sender und Empfänger einander, so ...*erhöht*... sich die vom Empfänger wahrgenommene Frequenz, entfernen sie sich voneinander, ...*verringert*... sich die Frequenz. Ein Beispiel ist die Tonhöhenänderung der Sirene einer Ambulanz.

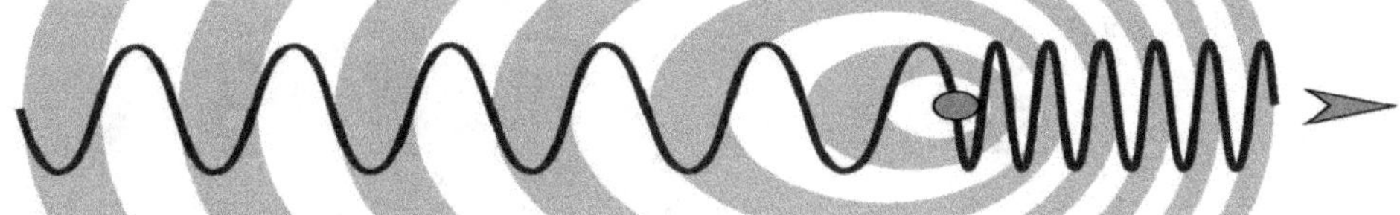

Wir betrachten eine Schallwelle in einem Medium. Der gesendete Ton hat eine Frequenz f_S. Wir berechnen nun, welche Frequenz f_E wahrgenommen wird, wenn sich der Sender oder Empfänger bewegt. Wir müssen zwei Fälle unterscheiden:

Bewegter Sender, ruhender Beobachter	Bewegter Beobachter, ruhender Sender

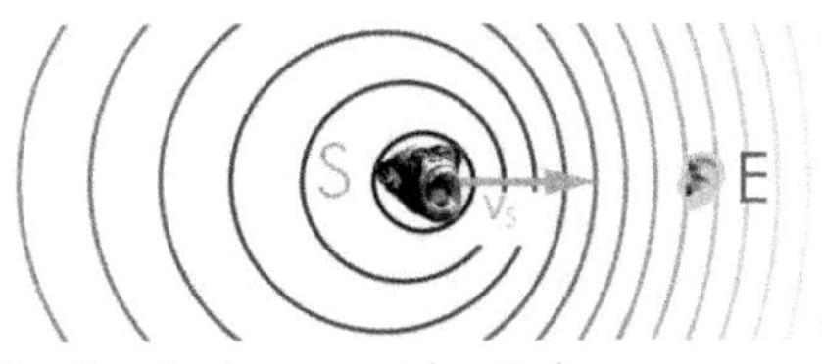
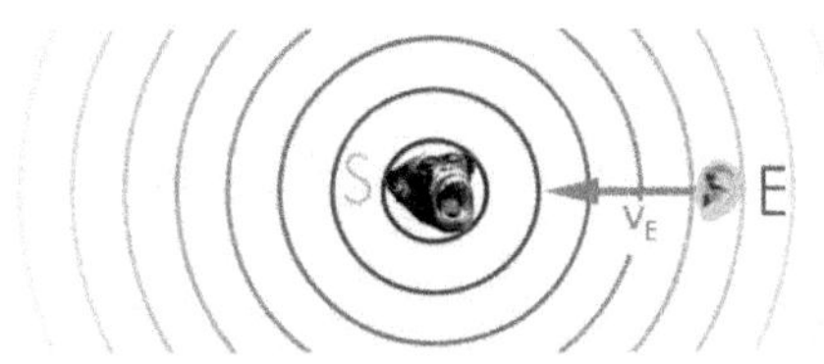

Der Sender bewegt sich mit der Geschwindigkeit v_S auf den Empfänger zu. Dabei verkürzt sich die Wellenlänge λ_E.

Der Empfänger bewegt sich mit der Geschwindigkeit v_E auf den Empfänger zu. Die Welle bewegt sich mit $c - v_S$ an ihm vorbei.

$$\lambda_E = \lambda - v_S \cdot T$$

$$f_E = \frac{c}{\lambda_E} = \frac{c}{\lambda - v_S T} = \frac{c}{\frac{c}{f} - v_S \frac{c}{f}} = \frac{c}{\frac{c}{f} - v_S \frac{c}{f}} = f \frac{c}{c - v_S}$$

$$f_E = \frac{c_E}{\lambda} = \frac{c + v_E}{\lambda} = \frac{c + v_E}{\frac{c}{f}} = f \frac{c + v_E}{c}$$

Die Formel für die Berechnung der beobachteten Frequenz haben wir bereits hergeleitet:

$$f_E = f_S \cdot \frac{c - v_E}{c + v_S}$$

wobei
$$\begin{cases} v > 0 & \text{entfernen} \rightarrow \text{tiefer} \\ v < 0 & \text{annähern} \rightarrow \text{höher} \end{cases}$$

Die beobachtete Frequenz hängt davon ab, ob sich der ...Empfänger... oder der ...Sender... gegenüber dem Medium bewegt.

Mit folgenden Bezeichnungen:

v_S Geschwindigkeit des ...Senders...

f_S Senderfrequenz (ausgesendet)

v_E Geschwindigkeit des ...Empfängers...

f_E Empfängerfrequenz (wahrgenommen)

Schallmauer und Mach'scher Kegel

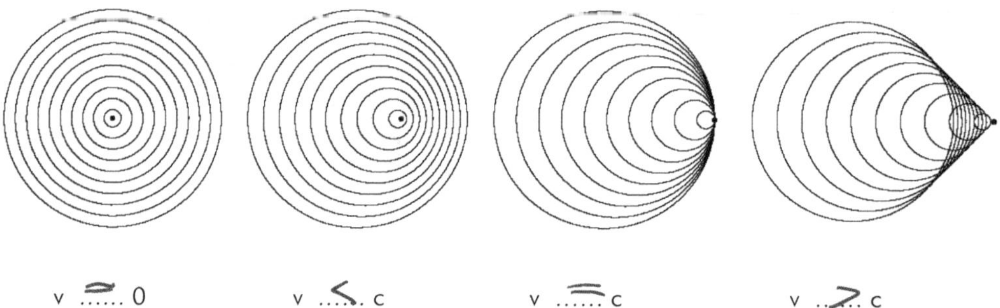

v ...=... 0   v ...<... c   v ...=... c   v ...>... c

Bewegt sich der Sender mit Schallgeschwindigkeit, so nimmt die Empfängerfrequenz f_E einen ...unendlichen... Wert an. Dies wird als Schallmauer bezeichnet. Für Geschwindigkeiten ...grösser... der Schallgeschwindigkeit entsteht ein Schallknall. Bewegt sich der Sender schneller als der Schall, so breitet dahinter eine kegelförmige Schockwelle aus (Mach'scher Kegel).

Aufgabe 84: Nach einem Alarm in einer Bank nähert sich ein Polizeiauto mit heulender Sirene mit einer Geschwindigkeit von 73.8 km/h. Die Sirene des Polizeiautos hat eine Frequenz von 1'000 Hz und die Alarmanlage der Bank hat eine Frequenz von 1'200 Hz.

    a) Wie wird die Frequenz der Polizeisirene von den Polizisten im Auto und von den Passanten vor der Bank wahrgenommen?

    b) Wie wird die Frequenz der Alarmanlage von den Polizisten im Auto und von den Passanten vor der Bank wahrgenommen?

Aufgabe 85: Im Physikunterricht wird eine Schallquelle an einem 87 cm langen Arm befestigt. Der Arm dreht sich neunmal pro Sekunde im Kreis. Welche Frequenz nimmt ein Beobachter als tiefsten und höchsten Ton wahr, wenn die Schallquelle einen Ton mit einer Frequenz von 600 Hz erzeugt?

Aufgabe 86: Zwei Züge begegnen sich mit gleicher Geschwindigkeit, während sie sich in voller Fahrt kreuzen. Dabei ertönen die Zugpfeifen der Lokführer. Welche Geschwindigkeit haben die Züge, wenn der Ton, den die Passagiere beim Vorbeifahren hören, um eine Oktave tiefer ist (d.h. die Frequenz halbiert wird)?

Aufgabe 87: Bei der Dopplersonografie handelt es sich um eine Ultraschall-Methode, welche die Geschwindigkeit und Richtung von fliessendem Blut in Arterien und Venen misst. Sie ist eine Routinemethode zur Diagnose von Gefässerkrankungen. Unter anderem können folgende Informationen gewonnen werden:

* Die Strömungsrichtung und die Strömungsgeschwindigkeit des Blutes in den Gefässen.
* Feststellung von Verengungen (Stenosen) und Veränderungen (Verkalkung) von Gefässen wie der Halsschlagader.

Bei der Dopplersonografie zur Bestimmung der Fliessgeschwindigkeit des Blutes sendet man Ultraschall der Frequenz f_s auf die bewegten Blutkörperchen. Der von den Blutkörperchen gestreute Schall hat die Frequenz f_e. Dabei wird die Frequenzverschiebung $\Delta f = f_e - f_s$ gemessen. Die Blutkörperchen bewegen sich in der Halsschlagader mit der Geschwindigkeit v nach oben. Der Schallkopf wird unter dem Winkel $\alpha = 30°$ an den Hals gesetzt. Die Sendefrequenz ist 15.0 MHz, die Frequenzverschiebung $\Delta f = 1.99$ kHz, die Schallgeschwindigkeit im Blut 1.57 km/s. Bestimme aus diesen Daten die Fliessgeschwindigkeit des Blutes.

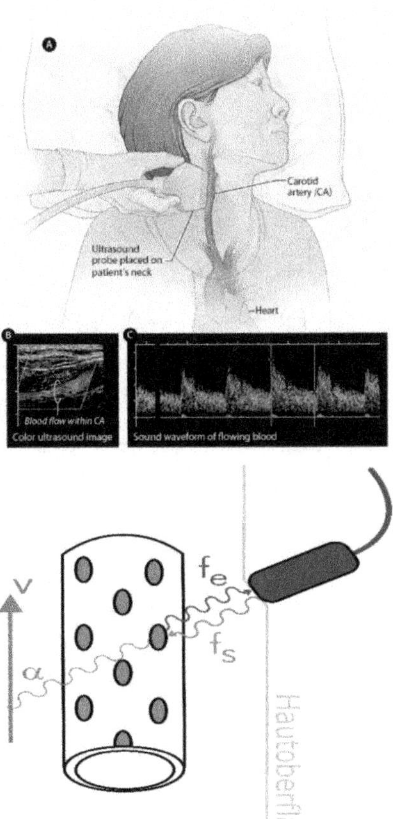

Aufgabe 88: Ein Objekt, das sich mit der Geschwindigkeit v
relativ zu einem Medium bewegt, verdichtet das Medium
vor sich. Die davon ausgelösten Schallwellen breiten sich
mit Schallgeschwindigkeit c aus. Überschreitet das Objekt
die Schallgeschwindigkeit, also wenn v > c ist, bildet sich
eine kegelförmige Stosswelle, bekannt als Mach'scher
Kegel. Der halbe Öffnungswinkel an der Spitze dieses
Kegels wird als Mach'scher Winkel φ_M bezeichnet. Leite
eine Formel für den Mach'schen Winkel φ_M her.

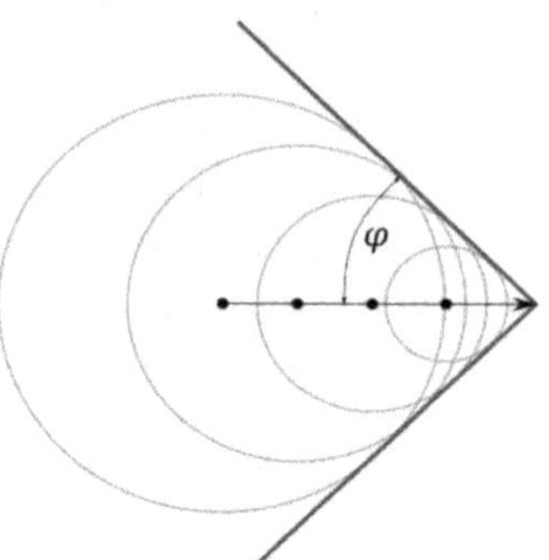

Der **Mach'sche Winkel φ_M** beträgt:

$$\sin \varphi_M = c/v$$

Aufgabe 89: Welche Geschwindigkeit hat
dieses Flugzeug? Den Winkel des
Mach'schen Kegels musst Du messen.

Lösungen

1. a) Lageenergie und kinetische Energie
   b) Lage- und Spannenergie und kinetische Energie
   c) Lageenergie und kinetische Energie
   d) Spannenergie und kinetische Energie
   e) Energie des elektrischen Felds
      und des magnetischen Felds

2. a) Gravitationskraft   Masse
   b) Federkraft & Gewichtskraft   Masse
   c) Gravitationskraft   Masse
   d) Federkraft   Masse
   e) elektrostatische Kraft   Selbstinduktivität

3. $T = 10$ s

4. $T = 3$ s, $f = 0.333$ Hz

5. $f = 0.75$ Hz

6. $f = 1.16 \cdot 10^{-5}$ Hz

7. –

8. a) $\hat{y} = 5$ cm
   b) $y = 5$ cm

9. Die Schwingung ist harmonisch, da die rückstellende
   Kraft proportional zur Auslenkung ist.
   $$F_R = -\rho_F \cdot V_E \cdot g = -\rho_F \cdot A \cdot y \cdot g \propto -y$$

10. Nein, die Schwingung ist nicht harmonisch, da die
    rückstellende Kraft konstant ist.

11. Die Schwingung ist harmonisch, da die rückstellende
    Kraft proportional zur Auslenkung ist.
    $$F_R = -\rho_F \cdot V_E \cdot g = -\rho_F \cdot A \cdot y \cdot g \propto -y$$

12. $y = 12.9$ cm
    $t(8) = 0.50$ s, $t(-8) = 1.0$ s

13. a) $y(0) = 15$ cm $y(12\ s) = 15$ cm
    $y(36\ s) = 15$ cm $y(156\ s) = 15$ cm
    $y(6\ s) = -15$ cm $y(30\ s) = 0$
    $y(138\ s) = -15$ cm $y(3\ s) = 15$ cm
    $y(18\ s) = 0$ $y(39\ s) = 0$
    $y(9\ s) = 0$ $y(33\ s) = 0$
    b) $y(1.5\ s) = 10.61$ cm   runter
    $y(3.5\ s) = -3.89$ cm   runter
    $y(7.0\ s) = -12.99$ cm   rauf
    $y(14.0\ s) = 7.5$ cm   runter
    $y(20.0\ s) = -7.5$ cm   rauf
    $y(36\ s) = 15$ cm   höchste Stelle
    $y(125\ s) = -12.99$ cm   runter
    c) $t = 2.5$ s
    d) $t = 2.0$ s, $t = 10.0$ s
    $t = 14.0$ s, $t = 22.0$ s

14. $t = 2$ s, $t = 4$ s, $t = 8$ s

15. $y(t) = 1.5\cos(\frac{\pi}{6}\cdot t)$
    t: Zeit in Stunden ab Mittag
    y: Wasserstand über dem mittelern Stand
    a) -0.75 m, sinkend
    b) 1.30 m
    c) nach 1.60 h, d.h. um 13^{36}
    d) nach 10.39 h, d.h. bis 22^{23}

16. $T = 0.72$ s

17. $m = 3.65$ kg

18. $f = 1.779$ Hz

19. $f = 1.576$ Hz

20. a) $D = 1.96$ N/m   b) $T = 1.00$ s

21. a) $m = 20$ g   b) $y = 4.56$ cm

22. a) Elongation y

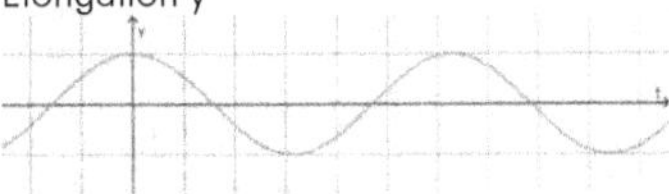

b) Geschwindigkeit v

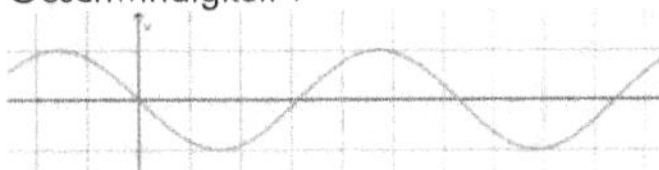

c) Beschleunigung a

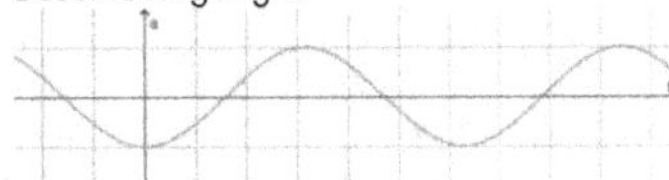

d) kinetische Energie E_{kin}

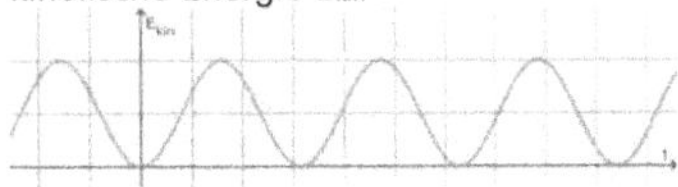

e) Spannenergie E_{Spann}

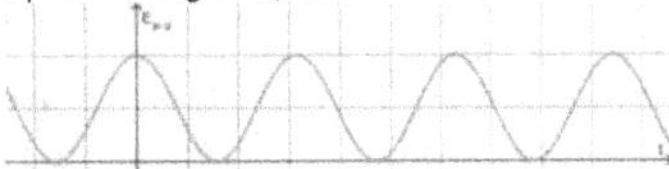

f) totale Energie E_{tot}

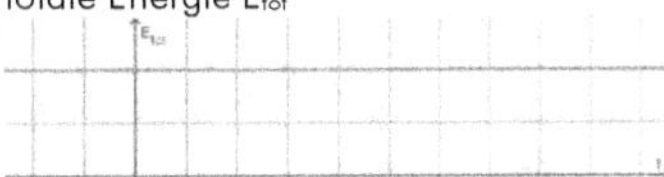

23. Man muss die Pendellänge vergrössern.
    Die Amplituden haben keinen Einfluss auf die
    Periodendauer.

24. Das Pendel schwingt langsamer als auf der Erde.

25. ☑ die Messung der Zeit
    ☑ die Messung der Fallbeschleunigung
    ☐ die Messung von Winkel
    ☑ die Definition des Meters
    ☐ die Definition des Kilogramms

26. $T = 4.91$ s, $f = 12.2$ min^{-1}

27. $f = 0.286$ Hz

28. $T/_2 = 20.3$ s

29. $l = 99.36$ cm (ca. ein Meter)
    Die Pariser Akademie diskutierte 1790, ob das Sekun-
    denpendel als Definition des Meters geeignet sei.

30. $T = 16.42$ s
    Ein Pendel mit grosser Länge hat eine niedrige Fre-
    quenz, was bedeutet, dass es langsamer schwingt.
    Die geringe Reibung sorgt dafür, dass das Pendel
    lange genug schwingt, um die Erdrotation sichtbar
    zu machen.

31. $g = 9.79$ m/s^2

32. b und d

33. $\hat{y}_{n+1} : \hat{y}_n = 0.84 = 84\ \%$

    Das Verhältnis $\hat{y}_{n+1} : \hat{y}_n$ heisst Dämpfungsverhältnis.

    Es ist konstant. Es handelt sich also um eine
    exponentielle Abnahme. Die Funktionsgleichung der

    Elongation ist: $y(t) = \hat{y}_0 \cdot 0.84^{\frac{t}{T}} \cdot \cos\left(\frac{2\pi}{T} \cdot t\right)$.

34. $T = 1.08$ s $\Rightarrow$ f $= 0.925$ Hz; D $= 6.76$ N/m

35. gleichen, grösser, hinter

36. $>$, $<$, $=$

37. Resonanz bezeichnet die verstärkte Schwingung
eines Systems auf eine periodische Anregung, wenn
die Frequenz der Anregung mit der Eigenfrequenz
des Systems übereinstimmt. Dies führt zu einer deut-
lichen Erhöhung der Amplitude der Schwingungen.
Wenn die Dämpfung des Systems zu gering ist, kann
die Amplitude der Schwingungen so stark anwach-
sen, dass das System möglicherweise beschädigt
oder zerstört wird. Dies wird als Resonanzkatastrophe bezeichnet.

38. a) Erregerfrequenz = Eigenfrequenz
b) Erregerfrequenz = Eigenfrequenz

39. Für die Anregung der Eigenschwingung eines
schwingungsfähigen Systems ist nur wenig Kraft
erforderlich, sofern die Anregung mit der
Resonanzfrequenz erfolgt.

40. Annahme: Marschgeschwindigkeit
6 km/h, Schrittweite s $= 70$ cm,
Schrittfrequenz f $= 2.4$ Hz.
Am 12. April 1831 hatten bereits zwei Gruppen von
Soldaten die Brücke problemlos überquert, als eine
weitere Gruppe aus ungefähr 70 Soldaten in Vierer-
Reihen in die Kaserne zurückkehren wollte. Die
Gruppe marschierte zunächst wohl nicht im Gleich-
schritt. Durch die Schwingungen der Brücke animiert,
pfiffen einige Soldaten ein Marschlied, worauf die
Soldaten wohl ihren Schritt dem Lied und den
Schwingungen anpassten, was diese erheblich
verstärkte. Als die Spitze des Zuges schon die andere
Seite erreicht hatte, gab es einen lauten Knall,
worauf einer der Pylone in die Brücke stürzte und
Teile der Fahrbahn ungefähr fünf Meter tief in den
Fluss fielen. Etwa vierzig Soldaten stürzten gegen die
Kettenteile und ins Wasser, das zu der Zeit sehr flach
war. Es gab keine Toten, aber rund zwanzig
Verletzte, darunter sechs Schwerverletzte.

41. Die Erregerkraft wirkt dann immer in Richtung der
Bewegung des Oszillators, d.h. dass der Erreger
immer am Pendel (Oszillator) zieht und niemals
bremsend wirkt.

42. Die Dämpfung muss sehr klein gewesen sein.

43. a) Die Eigenfrequenz ist $f_0 = 0.796$ Hz.
b) Die Amplitude ist zunächst klein und
erreicht ein Maximum bei f_0.
Danach fällt sie wieder ab.
c) Erreger und Federpendel sind zunächst in
Phase bei f $= f_0$ um 90° phasenverschoben und jenseits der Resonanzfrequenz um 180° phasenverschoben.

44. Eine Welle besteht aus einer Reihe von gekoppelten
Oszillatoren. Bei einer Welle wird Energie
transportiert.

45. Die Bewegung der einzelnen Teilchen ist zeitlich
periodisch, das heisst sie durchlaufen eine
Bewegung, die sich nach einer gewissen Zeit
(der Periode) wiederholt.
Die Anordnung der Teilchen in einer Welle
wiederholt sich nach einer gewissen Distanz (der
Wellenlänge), sie ist also räumlich periodisch.

46. f $= 10$ Hz

47. c $= 5.0$ m/s

48. $\lambda = 16$ m; T $= 4$ s

49. c $= 340$ m/s

50. $\lambda = 78.0$ cm

51. Der Schall erreicht den Kollegen gar nicht, da
sich im Vakuum kein Schall ausbreitet.

52. h $= 371$ m

53. $\lambda = 18.6$ mm
$\lambda = 7.4$ mm

54. Druck und Geschwindigkeit oder
Auslenkung und Geschwindigkeit

55. a) Tonhöhe, Intervall
b) f $= 440$ Hz (Kammer-Ton a')
c) $f_2 : f_1 = 3 : 2$ (Quint)

56. a) grosse Terz: 45; Quinte: 54
b) f $= 15$ Hz $= 900$ U/min

57. a) f $= 293$ Hz
b) f $= 196$ Hz
c) f $= 41.3$ Hz
d) f $= 528$ Hz

58. $f_2 : f_1 = 1.05946$

59. c $= 11$ m/s

60. Beides. Der grössere Anteil ist transversal.

61. Es handelt sich nicht um eine Welle (f $= 0$ Hz).

62. c $= 4'800 \, {}^m/_s = 17'280 \, {}^{km}/_h$

63. a) longitudinale und transversale Wellen
b) nur longitudinale

64. c $= 2.985 \cdot 10^8$ m/s $=$ Lichtgeschwindigkeit

65. a) c $= 300$ kHz
b) f $= 10$ MHz
c) f $= 300$ MHz

66. Ja, elektromagnetische Wellen (also auch Licht)
bereiten sich auch im Vakuum aus.

67. L $= 67$ dB

68. a) 68.01 dB   b) 81.99 dB
c) 3   d) 100

69. a) 6   b) 6

70. L $= 75$ dB

71. a) $1.0 \cdot 10^{-6}$ W/m²
b) $5.0 \cdot 10^{-6}$ W/m² (67 dB abgelesen)

72. a) Der Schallpegel wird in dB angegeben. Die
Lautheit hängt ausserdem von der Frequenz
ab, somit ist ihre Einheit Phon. Eine Lautheit
von 93 Phon wird für alle Frequenzen wie ein
Ton von 1'000 Hz mit einem Schallpegel von
93 dB empfunden.
b) 50 : 1

73. a) L $= 40$ phon
b) L ≈ 50 dB

74. a) J $= 8.0 \cdot 10^{-4}$ W/m²
L $= 89$ dB
b) d $= 282$ km

75. a) J $= 3.18 \cdot 10^{-5}$ W/m²
L $= 75$ dB
b) J $= 7.95 \cdot 10^{-6}$ W/m²
L $= 75$ dB $- 6$ dB $= 69$ dB

76. a) $L = 70\text{ dB} - 6\text{ dB} = 64\text{ dB}$
b) $L = 60.5\text{ dB}$

77. Phasenunterschied: 0°; Verschiebungsdauer: 0

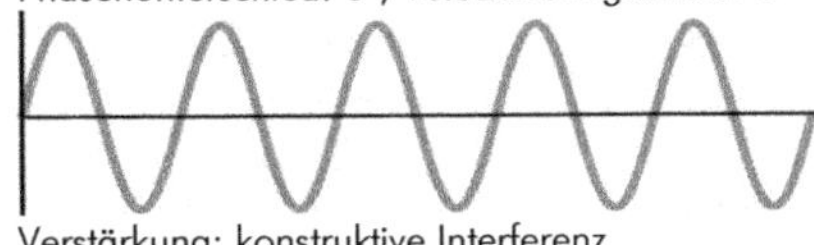

Verstärkung: konstruktive Interferenz

Phasenunterschied: 180°; Verschiebungsdauer: T/2

Auslöschung: destruktive Interferenz

78. Ein Mikrofon erfasst den Schall und gibt ihn über einen Lautsprecher in Gegenphase zum Originalsignal wieder. Dadurch entsteht (zumindest teilweise) eine destruktive Interferenz, die die Lärmbelastung spürbar verringert.

79. Grundton: $f_1 = 186\text{ Hz}$
1. Oberton: $f_2 = 371\text{ Hz}$
2. Oberton: $f_3 = 557\text{ Hz}$

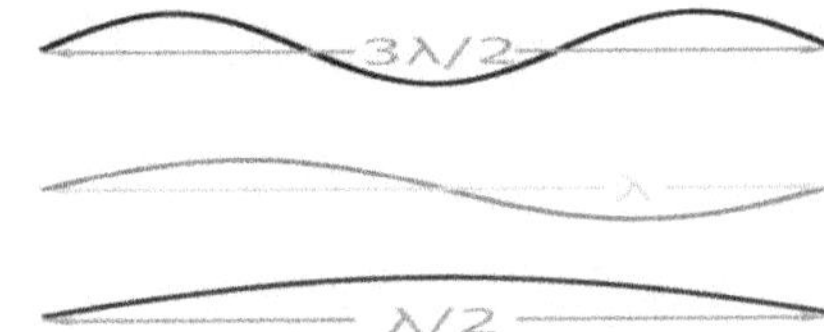

80. $c = 290\text{ m/s}$

81. Je nach Position entlang der Saite haben unterschiedliche Obertöne einen Bauch oder einen Knoten. Die Zusammensetzung, d.h. die relative Intensität der Obertöne im Klang ändert sich also.

82. $l = 38.6\text{ cm}$

83. $l = 10.6\text{ m}$

84. a) $f_{Polizist} = 1'000\text{ Hz}$
$f_{Gaffer} = 1'064\text{ Hz}$
b) $f_{Polizist} = 1'272\text{ Hz}$
$f_{Gaffer} = 1'200\text{ Hz}$

85. $f_{min} = 524\text{ Hz}$
$f_{max} = 703\text{ Hz}$

86. $v = 210\text{ km/h}$

87. $v = 0.12\text{ m/s}$
Nur die Geschwindigkeitskomponente senkrecht zum Schallkopf $v_\perp = v\cdot\cos(\alpha)$ verursacht den gemessenen Doppler-Effekt.

88. $\sin(\varphi) = \dfrac{c}{v}$

89. $\varphi \approx 61°$
$v = 1.14\cdot c = 393\text{ m/s} = 1'415\text{ km/h}$

Bildquellen

Seite 14   „Lullusglocke" von Andreasdziewior via Wikimedia Commons (Creative Commons BY SA 2.0)

„Albert Bridge", eigenes Bild (Creative Commons BY SA 4.0)

„Tacoma Narros Bridge" via Wikimedia Commons (Public Domain)

„Resonanzkurve" von Geek3 via Wikimedia Commons (Creative Commons BY SA 3.0)

Seite 15   „Gekoppelte Pendel" von Daniel Schaal Farbing via Wikimedia Commons (Public Domain)

„Wellen I" von LukeTriton, Steven Earle, Mario Bačić, Lovorka Librić, Danijela Jurić Kaćunić, Meho Saša Kovačević via Wikimedia Commons (Creative Commons BY SA 4.0)

„Wellen II" von Debianux via Wikimedia Commons (Creative Commons BY SA 3.0)

Seite 16   „Polarisation" von Stefan-Xp via Wikimedia Commons (Creative Commons BY SA 3.0)

„Polarisationsfilter", kein Autor genannt, via Wikimedia Commons (Creative Commons BY SA 3.0)

Seite 17   „Ebene Welle" von Quibik via Wikimedia Commons (Public Domain)

„Wasserwelle" von Roger McLassus via Wikimedia Commons (Creative Commons BY SA 3.0)

„Seite 18   „Saite" von jd via Wikimedia Commons (Creative Commons BY SA 3.0)

„Lautsprecher" von Consecutor via Wikimedia Commons (Creative Commons BY SA 3.0)

„Stimmgabel" von Max Kohl / brian0918 via Wikimedia Commons (Creative Commons BY SA 3.0)

„Löwe" von Tambako the Jaguar via Flickr (Creative Commons BY SA 2.0)

„Marin Mersenne" via Wikimedia Commons (Public Domain)

„Ohr" von Lars Chittka; Axel Brockmann via Wikimedia Commons (Creative Commons BY SA 2.5)

Seite 19   „Astronaut", NASA via Wikimedia Commons (Public Domain)

„Echolot" von Sgbeer via Wikimedia Commons (Creative Commons BY SA 3.0)

„Delphine", NOAA via Wikimedia Commons (Public Domain)

Seite 20   „Lochscheibe" von Hyacinth via Wikimedia Commons (Creative Commons BY SA 2.0)

„Dur Tonleiter" von jobu0101 via Wikimedia Commons (Public Domain)

Seite 21   „Wellen I" vgl. Seite 15

Seite 22   „Möwe», National Oceanic and Atmospheric Administration via Wikimedia Commons (Public Domain)

„Dünung" von Phillip Capper via Flickr (Creative Commons BY SA 2.0)

„Sand" von Efotosadis via Wikimedia Commons (Creative Commons BY SA 3.0)

Seite 23   „EM-Wellen" nach Parri via Wikimedia Commons (Creative Commons BY-SA 3.0)

„EM-Spektrum" von Horst Frank via Wikimedia Commons (Creative Commons BY-SA 3.0)

„Weltempfänger" von Maximilian Schönherr via Wikimedia Commons (Creative Commons BY-SA 3.0)

Seite 24   „Abstandsgesetz" von Borb via Wikimedia Commons (Creative Commons BY SA 3.0)

Seite 25   „Isophone" via Wikimedia Commons (Public Domain)

Seite 26   „Kai Tak Airport, Hong Kong" von Konstantin von Wedelstaedt via Wikimedia Commons (GNU Free Documentation License 1.2)

„Auspuff" von Nirvanakurt via Wikimedia Commons (Creative Commons BY-SA 3.0)

Seite 27   „Regen" via Wikimedia Commons (Public Domain)

„Interferenz" von Inductiveload via Wikimedia Commons (Public Domain)

Seite 28   „Geigentonspektrum" von Michael Lenz via Wikimedia Commons (Creative Commons BY-SA 3.0)

„Rechteckskasten" von René Schwarz via Wikimedia Commons (Creative Commons BY-SA 1.0)

Seite 29   „Überlagerung von Wellen" Lucas Vieira via Wikimedia Commons (Public Domain)

„Stehende Wellen" Y. Landman via Wikimedia Commons (Public Domain)

Seite 30   „Anti Noise" von Marekich via Wikimedia Commons (Creative Commons BY-SA 3.0)

„Geige" von Frinck51 via Wikimedia Commons (Creative Commons BY-SA 3.0)

„Tonabnehmer" via Wikimedia Commons (Public Domain)

„Orgel Passau" von Hajotthu via Wikimedia Commons (Creative Commons BY-SA 3.0)

Seite 31   „Doppler Effekt" via Wikimedia Commons (Public Domain)

„Bewegter Sender, bewegte Empfänger", MikeRun via Wikimedia Commons (Creative Commons BY-SA 4.0)

Seite 32   „Wall Formula" von Sense Jan van der Molen via Wikimedia Commons (Creative Commons BY-SA 4.0)

Seite 33   „Dopplersonografie", National Heart Lung and Blood Insitute via Wikimedia Commons (Public Domain)

„Prinzip der Dopplersonografie" nach D. Hünniger via Wikimedia Commons (Creative Commons BY-SA 4.0)

Seite 34   „Mach'scher Kegel" von Zykure via Wikimedia Commons (Creative Commons BY-SA 3.0)

„FA-18" von Realbigtaco via Wikimedia Commons (Creative Commons BY-SA 3.0)

Alle restlichen Grafiken und Bilder von Christian Wyss (Creative Commons BY-SA 4.0)

Die Creative Commons Lizenzen sind unter https://creativecommons.org/ erhältlich.

Das vorliegende Skript wurde von Dr. Christian Wyss erstellt und ist unter www.mathema.ch zu beziehen.

Fortgeschrittene Wellenlehre

Jules Antoine Lissajous (*1822 in Versailles, †1880 in Plombières-les-Bains) wurde durch die nach ihm benannten Figuren bekannt, die durch die Überlagerung zweier harmonischer, rechtwinklig zueinanderstehender Schwingungen verschiedener Frequenz entstehen. Hier ist die Lichtspur einer solchen Schwingung abgebildet.

1. Schwingungen

Bewegungsgleichungen

Schwingungen sind zeitlich periodische Zustandsänderungen eines Systems. Eine Schwingung kommt zustande, wenn auf ein ...*träges*... System eine ......*rückstellende* Kraft wirkt. Ist diese Kraft ...*proportional*..., so ist die Schwingungen harmonisch.

Mathematisch exakt bringt dies die Bewegungsgleichung zum Ausdruck:

$$F = F_R$$

Mit dem Aktionsprinzip und der rückstellenden Kraft mit der Richtgrösse k ergibt sich:

$$m \cdot a = -k \cdot y$$

Und wir schreiben mit $a = y''(t) = \ddot{y}$:

$$m \cdot \ddot{y} = -k \cdot y$$

Kinematik: Elongation (Ort), Geschwindigkeit & Beschleunigung

Aus der Bewegungsgleichung lässt sich das *Orts-Zeit-Gesetz* herleiten:

$$m\ddot{y} = -ky$$

mit dem Ansatz
$$y = \hat{y} \cos(\omega t + \varphi_0)$$
$$\ddot{y} = -\hat{y}\,\omega^2 \cos(\omega t + \varphi_0)$$

$$\Rightarrow +m\hat{y}\omega^2 \cos(\omega t + \varphi_0) = -k\hat{y}\cos(\omega t + \varphi_0)$$

$$\Rightarrow m\omega^2 = k \quad \Rightarrow \quad \omega = \sqrt{\frac{k}{m}}$$

Die Elongation eines Federpendels folgt zeitlich einer sinusoiden[1] Funktion.

$$y(t) = \hat{y} \cdot \cos(\omega \cdot t + \varphi_0),$$

wobei $\hat{y}$ die Amplitude, ω die Kreisfrequenz und φ_0 die Nullphase bezeichnt.

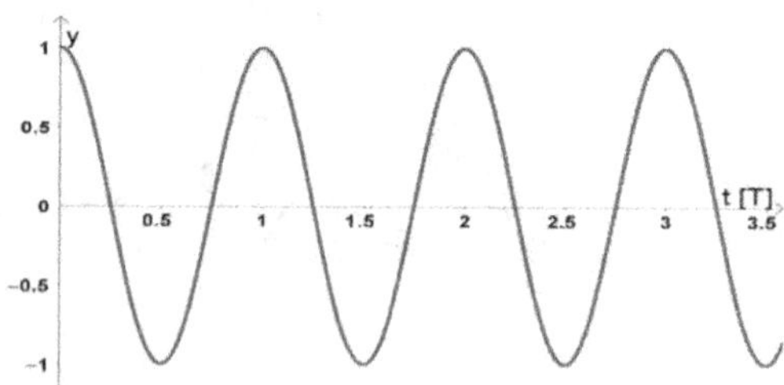

---

[1] Sinusoide Funktionen sind sinusförmige Funktionen, die aus der Sinusfunktion durch Skalierung von Amplitude und Frequenz sowie Phasenverschiebung gebildet werden. Auf Grund der möglichen Phasenverschiebung gehören auch die Cosinusfunktionen dazu.

Das *Geschwindigkeits-Zeit-* und das *Beschleunigungs-Zeit-Gesetz* für die harmonische Schwingung folgen direkt aus dem Orts-Zeit-Gesetz und lauten:

$$v(t) = \dot{y}(t) = -\hat{y}\,\omega \cdot \sin(\omega t + \varphi_0)$$

$$a(t) = \ddot{y}(t) = -\hat{y}\,\omega^2 \cos(\omega t + \varphi_0)$$

Schwingungsdauer und Kreisfrequenz

Die *Kreisfrequenz* ist eine Mass für den pro Zeiteinheit durchlaufen Winkel in Radianten:

$$\omega = \qquad\qquad [\omega] =$$

Die *Kreisfrequenz ω* einer harmonischen Schwingung ergeben sich ebenfalls aus der Bewegungsgleichung:

$$\omega = \sqrt{k/m}$$

Daraus ergibt sich die *Periode T* der Schwingung:

$$T = 2\pi\,\sqrt{m/k}$$

Energie des schwingenden Systems

$$
\begin{aligned}
E &= E_{kin} + E_{ela} \\
&= \tfrac{1}{2}\,m\,v^2 + \tfrac{1}{2}\,k y^2 \\
&= \tfrac{1}{2}\,m\,[-\hat{y}\,\omega \sin(\omega t + \varphi_0)]^2 + \tfrac{1}{2}\,k\,[\hat{y}\cos(\omega t + \varphi_0)]^2 \\
&= \tfrac{1}{2}\,m\,\hat{y}^2\,\omega^2 \sin^2(\omega t + \varphi_0) + \tfrac{1}{2}\,k\,\hat{y}^2 \cos^2(\omega t + \varphi_0) \\
&= \tfrac{1}{2}\,m\,\hat{y}^2\,\tfrac{k}{m}\,\sin^2(\omega t + \varphi_0) + \tfrac{1}{2}\,k\,\hat{y}^2 \cos^2(\omega t + \varphi_0) \\
&= \tfrac{1}{2}\,k\,\hat{y}^2\,\underbrace{[\sin^2(\omega t + \varphi_0) + \cos^2(\omega t + \varphi_0)]}_{=1} = \tfrac{1}{2}\,k\,\hat{y}^2
\end{aligned}
$$

Die *(Gesamt-)energie eines harmonischen Oszillators* ist gegeben durch

$$E = E_{ela} + E_{kin} = \tfrac{1}{2}\,k\,\hat{y}^2 = \text{konstant}$$

In einem harmonischen Oszillator wandelt sich periodisch kinetische in elastische Energie um.

Spezielle Systeme

Das Federpendel

Ein Federpendel ist ein harmonischer Oszillator, der aus einer Schraubenfeder
mit der Federkonstante D und einem daran befestigten Massestück m besteht,
welches sich geradlinig längs der Richtung bewegen kann, in der die Feder
sich verlängert oder verkürzt. Die Richtgrösse k ist gleich der Federkonstanten D:

$$F_R = F_F = -D \cdot y \qquad k = D$$

Und somit gilt für die Periode:

Periode des Federpendels: $T = 2 \cdot \pi \cdot \sqrt{\dfrac{D}{m}}$

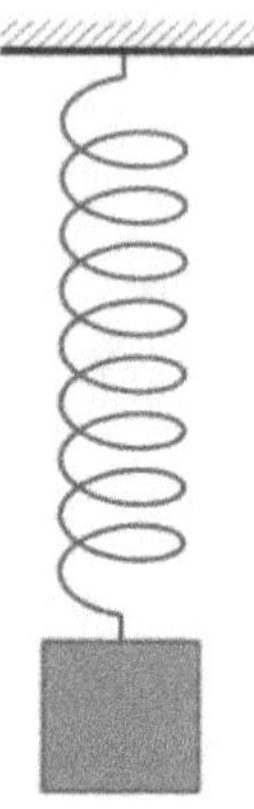

Das Fadenpendel

Ein Fadenpendel besteht aus einem Körper der Masse m, welcher an einem
Faden der Länge l angehängt ist. Auf die Masse wirkt die Gewichtskraft
$F_G = m \cdot g$ und die Zwangskraft der Schnur F_Z. Die Zwangskraft wirkt in
Richtung der Schnur. Mit dem Winkel φ zwischen der Schnur und der
Vertikalen ergibt sich die resultierende Kraft F:

$$F = -m \cdot g \cdot \sin(\varphi)$$

Wir nähern den Sinus bei $\varphi = 0$ mit einer Geraden an (Taylor-Reihe):

$$\sin(\varphi) \approx \sin(0) + \cos(0) \cdot \varphi + \dots \approx \varphi$$

Für kleine Amplituden $\varphi \ll 1$ finden wir:

$$F_R = F = -m \cdot g \cdot \sin\varphi \approx -m \cdot g\varphi$$
$$F = m \cdot a = m \cdot \ddot{x} = m \cdot l \cdot \ddot{\varphi}$$
$$m \cdot l \cdot \ddot{\varphi} = -m \cdot g \cdot \varphi$$
$$m \cdot \ddot{\varphi} = -\underbrace{\frac{m \cdot g}{l}}_{k} \varphi$$

Die Richtgrösse des Fadenpendels ist $k = \dfrac{m \cdot g}{l}$ und für die Periode gilt somit:

Periode des Fadenpendels: $T = 2 \cdot \pi \cdot \sqrt{\dfrac{g}{l}}$ für kleine Amplituden.

Aufgaben

Aufgabe 1: Zum Zeitpunkt t = 0 s bewegt sich ein harmonischer Oszillator mit einer Geschwindig-keit von v = 20 cm/s durch die Gleichgewichtslage. Die Periode beträgt 6.28 s.

   a) Wie gross ist die Amplitude des Oszillators?

   b) Zu welchem Zeitpunkt erreicht die Elongation erstmals ihr Maximum?

   c) Welche Elongation hat der Oszillator zum Zeitpunkt t = 1s?

   d) Wie gross ist die Geschwindigkeit des Oszillators zur Zeit t = 2 s?

   e) Welche Beschleunigung erfährt der Oszillator zur Zeit t = 1.57 s?

Aufgabe 2: Seiches (französisch [seisch]) sind stehende Wellen, die in Seen, Buchten oder Hafenbecken auf-treten. Sie entstehen, wenn Wellen an den Rändern dieser Becken reflektiert werden und sich mit den an-kommenden Wellen überlagern. Der Begriff „Seiche" wurde Ende des 19. Jahrhunderts von François-Alphonse Forel geprägt, der das gezeitenähnliche Trockenfallen des Wassers an den Uferbereichen des Genfersees beobachtete. Vereinfacht lässt sich eine Seiche mit dem Hin- und Herschwappen von Wasser in einer riesigen Schüssel vergleichen. In Seen sind wechselnde Winde die Hauptursache für die Seichen.

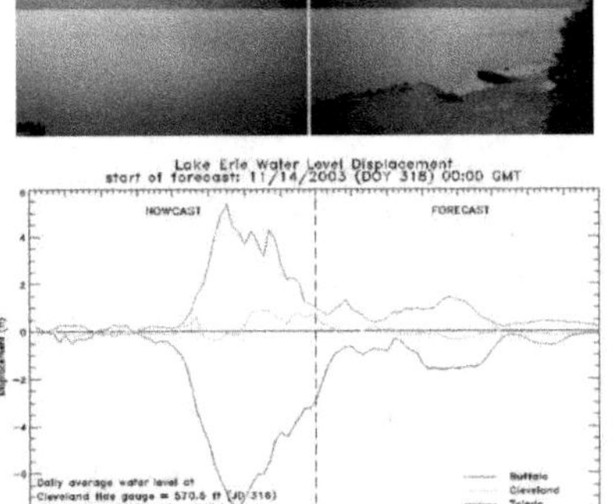

An einem See wurden die Seiches untersucht. Die Amplitude der Schwingungen beträgt ungefähr 2 Meter, und die Periode liegt im Durchschnitt bei 24 Stunden. Zum Zeitpunkt t = 0 h befindet sich der Seespiegel auf seiner höchsten Position.

   a) Welche Höhe hat der Seespiegel nach 4 Stunden?

   b) Mit welcher Geschwindigkeit und Beschleunigung bewegt sich der Seespiegel zum Zeitpunkt t = 6 h?

   c) Wann erreicht der Seespiegel erstmals eine Auslenkung von –75 cm?

Aufgabe 3: Die Pendeluhr im Wohnzimmer geht täglich 5 Minuten nach. Zur Korrektur misst man die Länge des Pendels, die etwa 38 cm beträgt.

   a) Um wie viele Millimeter muss das Pendel mithilfe der Verstellschraube verkürzt werden, damit die Uhr wieder richtig geht?

   b) Nach einer Verkürzung um 5.5 vollständige Umdrehungen an der Verstellschraube geht die Uhr immer noch 40 Sekunden pro Tag nach. Wie lang war das Pendel exakt? Und wie viele zusätzliche Umdrehungen sind notwendig, damit die Uhr korrekt läuft?

Aufgabe 4: Leite das Geschwindigkeits-Zeit-Gesetz sowie das Beschleunigungs-Zeit-Gesetz einer harmonischen Schwingung aus dem Orts-Zeit-Gesetz ab. Zeichne anschliessend die dazugehörigen Diagramme für $\varphi_0 = 0$.

Aufgabe 5: Die Bewegungsgleichung eines Torsionspendels lautet: $M = -k \cdot \varphi \Rightarrow J \cdot \ddot{\varphi} = -k \cdot \varphi$. Leite daraus das Orts-Zeit-Gesetz $\varphi(t)$ ab und berechne die Kreisfrequenz dieses Pendels.

Aufgabe 6: Die Bewegungsgleichung des Federpendels lautet: $F = F_F + F_G \Rightarrow m \cdot \ddot{y} = -D \cdot y - m \cdot g$. Leite daraus das Orts-Zeit-Gesetz ab. Welchen Einfluss hat die Gewichtskraft auf die Schwingung?

Aufgabe 7: Weshalb hängt die Periode des Fadenpendels nicht von der Masse ab?

Aufgabe 8: Welche Bewegung führt die Masse aus, wenn die wirkende Kraft nicht rückstellend wäre: $m \cdot \ddot{y} = k \cdot y$?

Aufgabe 9: Wie würde sich die Masse bewegen, wenn sie nicht träge wäre, d.h. wenn die Kraft direkt auf die Geschwindigkeit wirken würde: $m \cdot \dot{y} = -k \cdot y$?

Aufgabe 10: Wie bewegt sich die Masse, wenn die rückstellende Kraft bis auf das Vorzeichen konstant ist: $m \cdot \ddot{y} = -k \cdot \dfrac{y}{|y|} = -k \cdot \mathrm{sgn}(k)$?

Aufgabe 11: Ein Zylinder (m = 80 g, $\varnothing$ = 1 cm) wird in Wasser ein-getaucht. Mit welcher Periode schwingt der Zylinder auf und ab? Bestimme dazu zuerst die Richtgrösse k der Schwingung.

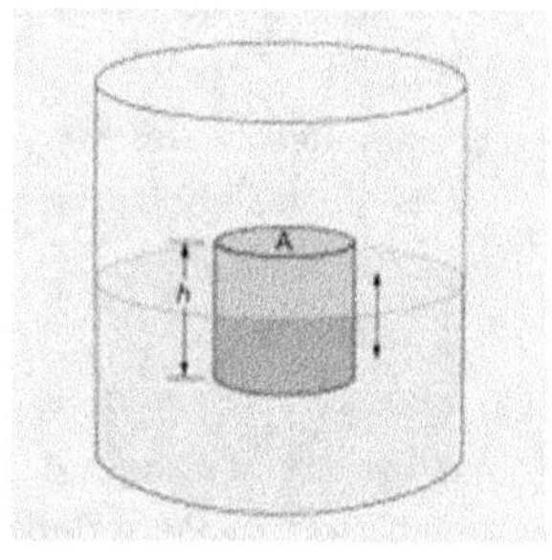

Aufgabe 12: Ein Zylinder schwimmt auf Wasser. Der Zylinder hat eine Masse von 4 g, eine Querschnittsfläche von A = 0.80 cm^2 und eine Höhe von h = 10 cm, wovon 5.0 cm im Wasser ein-getaucht sind. Nun wird der Zylinder um weitere 3 cm nach unten gedrückt und losgelassen.

  a) Zeige, dass der Zylinder nach dem Loslassen unter Vernachlässigung der Reibung eine harmonische Schwingung ausführt.

  b) Berechne die Schwingungsdauer der Schwingung.

  c) Mit welcher Geschwindigkeit bewegt sich der Zylinder durch die Gleichgewichtslage?

  d) Ändert sich die Periode, wenn der Zylinder nur 1.0 cm nach unten gedrückt wird?

  e) Wäre die Schwingung harmonisch, wenn der Zylinder um 15 cm nach unten gezogen würde?

Aufgabe 13: In einem U-Rohr mit konstanter Querschnittsfläche A befindet sich eine Flüssigkeit mit der Dichte ρ. Wird diese leicht aus ihrer Ruheposition ausgelenkt, schwingt sie im Rohr von links nach rechts.

  a) Weise nach, dass diese Schwingung, wenn die Reibung vernachlässigt wird, harmonisch ist. Zeige, dass die rückstellende Kraft F_R proportional zur Auslenkung s ist.

  b) Bestimme die Kreisfrequenz und die Periode dieses Pendels.

  c) Stelle die Differentialgleichung dieser Schwingung auf. Die Flüssigkeitssäule hat die Gesamtlänge L.

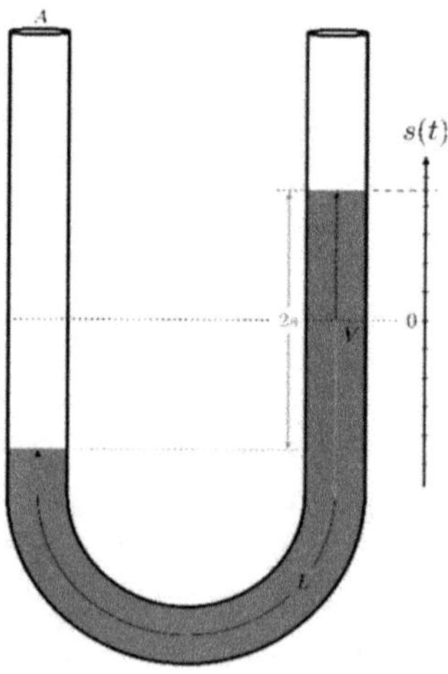

2. Wellen

Funktionsgleichung der linearen Welle

Eine lineare, nach rechts fortschreitender Welle wird durch folgende Funktionsgleichung beschrieben:

$$y(x,t) = \hat{y} \, \sin\left(\omega t - kx + \varphi_0\right)$$

mit der Kreisfrequenz $\quad \omega = \dfrac{2\pi}{T}$ $\qquad\qquad [\omega] = 1/s$

der (Kreis-)wellenzahl $\quad k = \dfrac{2\pi}{\lambda}$ $\qquad\qquad [k] = 1/m$

und der Nullphase $\qquad \varphi_0$

wobei die *Ausbereitungsgeschwindigkeit* $c = \omega/k$ ist.

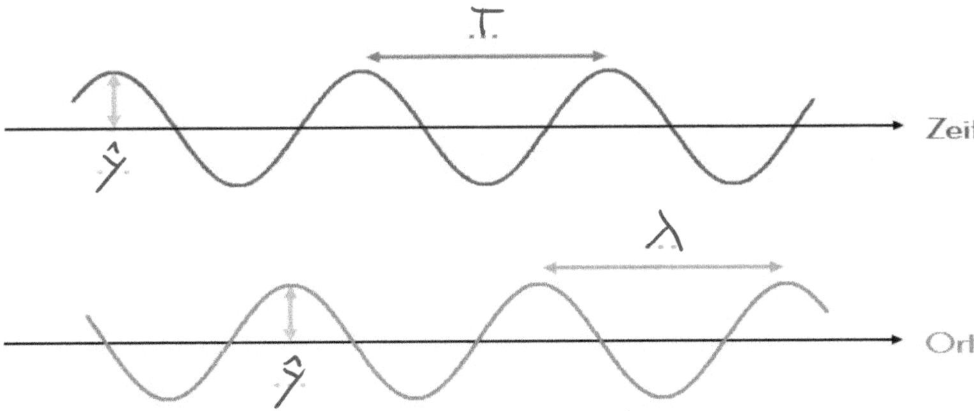

Superposition von Wellen (Interferenz)

Interferenz beschreibt die Änderung der Amplitude bei der Überlagerung von zwei oder mehr Wellen nach dem Superpositionsprinzip – also die Addition ihrer Elongationen während ihrer Durchdringung. Interferenz tritt bei allen Arten von Wellen auf, also bei Schallwellen, Licht usw.

Interferenz zweier Wellen gleicher Frequenz

Wir überlagern zwei Wellen mit gleicher Wellenzahl, Frequenz und Amplitude.
Die Wellen unterscheiden sich jedoch in ihrer Phasenlage:

$\Delta\varphi = 0$

$$y_1 = \hat{y} \sin(\omega t - kx)$$
$$y_2 = \hat{y} \sin(\omega t - kx + 0)$$
$$= \hat{y} \sin(\omega t - kx)$$
$$y = y_1 + y_2 =$$
$$\hat{y} \sin(\omega t - kx) +$$
$$\hat{y} \sin(\omega t - kx)$$
$$= 2\hat{y} \sin(\omega t - kx)$$

$\Delta\varphi = \pi = 180°$

$$y_1 = \hat{y} \sin(\omega t - kx)$$
$$y_2 = \hat{y} \sin(\omega t - kx + \pi)$$
$$= -\hat{y} \sin(\omega t - kx)$$
$$y = y_1 + y_2 =$$
$$\hat{y} \sin(\omega t - kx) +$$
$$-\hat{y} \sin(\omega t - kx)$$
$$= 0$$

Phasenunterschied: $0 = 0°$
Verschiebungsdauer: 0

Phasenunterschied: $\pi = 180°$
Verschiebungsdauer: $T/2$

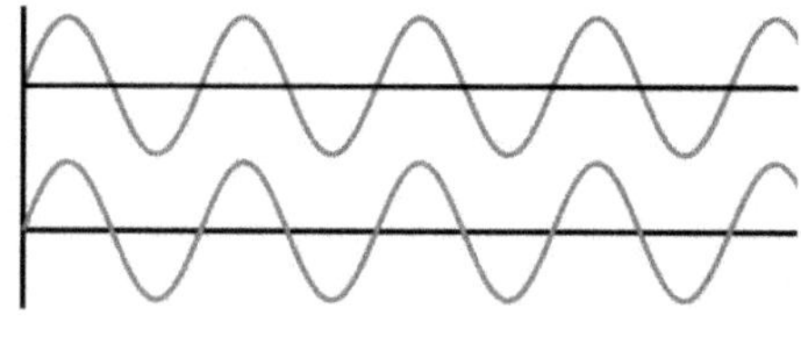

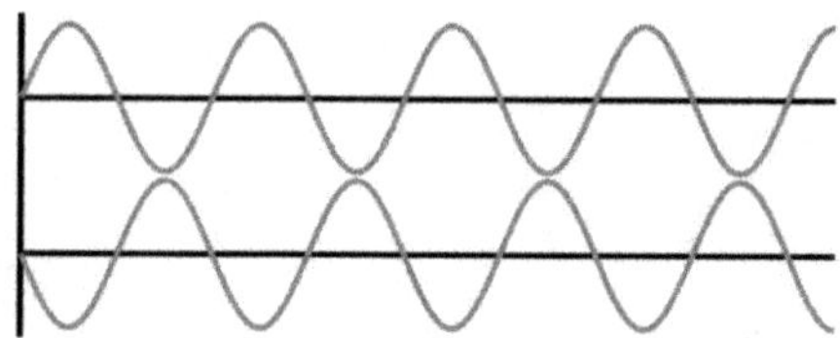

Verstärkung
Konstruktive Interferenz

Auslöschung
destruktive Interferenz

Leicht unterschiedliche Wellenlängen (Schwebung)

Wenn sich zwei Wellen in ihrer Frequenz ...*leicht*... unterscheiden, verändert sich der
...*Phasenunterschied*... dauernd. Konstruktive und destruktive Interferenz
wechseln sich dabei regelmässig ab. Dadurch schwankt die Lautstärke periodisch – es kommt zur
...*Schwebung*...

Mathematische Beschreibung

Wir betrachten zwei Wellen
gleicher Amplitude $\hat{y} = \hat{y}_1 = \hat{y}_2$,
jedoch unterschiedliche
Frequenz ω_1 und ω_2 am
Ort $x = 0$ und der Phase $\varphi_0 = 0$

$$y_1 = \hat{y}\,\sin\omega_1 t$$
$$y_2 = \hat{y}\,\sin\omega_2 t$$
$$y = y_1 + y_2 = \hat{y}(\sin\omega_1 t + \sin\omega_2 t)$$

mit $\sin x + \sin y = 2\sin\left(\frac{x+y}{2}\right)\cos\left(\frac{x-y}{2}\right)$

$$\Rightarrow y = 2\hat{y}\,\sin\left(\frac{\omega_1+\omega_2}{2}t\right)\cos\left(\frac{\omega_1-\omega_2}{2}t\right)$$
$$= 2\hat{y}\,\sin(\omega_T t)\cos(\omega_E t)$$

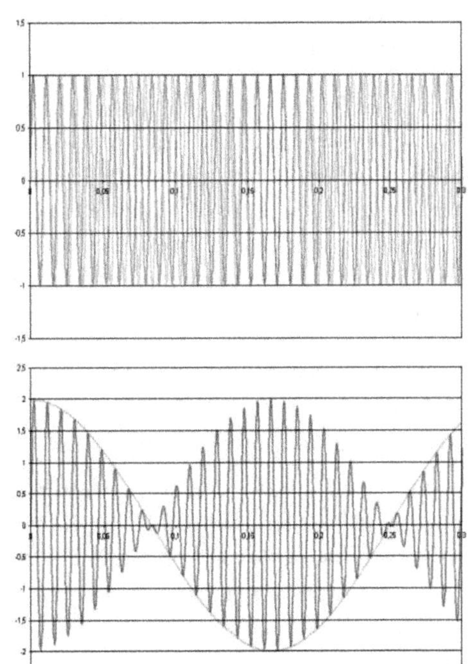

Die Amplitude der Welle bei *Schwebung* an der Stelle $x = 0$ ist gegeben:

$$y(t) = 2\hat{y}\,\sin(\omega_T t)\cos(\omega_E t)$$

mit $\omega_T = \dfrac{\omega_1 + \omega_2}{2}$ (Trägerfrequenz)

und $\omega_E = \dfrac{|\omega_1 - \omega_2|}{2}$ (Frequenz der Einhüllenden)

Die *Schwebungsfrequenz* ist geben durch

$$\omega_S = 2\omega_E = |\omega_1 - \omega_2|$$

Satz von Fourier

Die grosse Bedeutung harmonischer Wellen besteht darin, dass sie die Grundbausteine aller periodischen Signale sind. Jede periodische, abschnittsweise stetige Funktion lässt sich gemäss dem Satz von Fourier (nach Joseph Fourier *1768 bei Auxerre; † in Paris) in eine Funktionenreihe aus Sinus- und Cosinus-Funktionen entwickeln.

Jede Welle, d.h. jedes periodische Signal, lässt sich aus harmonischen Wellen zusammensetzen.

Als Beispiel wird hier ein Rechteckskasten in einer *Fourier-Reihe* entwickelt. Gezeichnet sind die ersten vier Summanden.

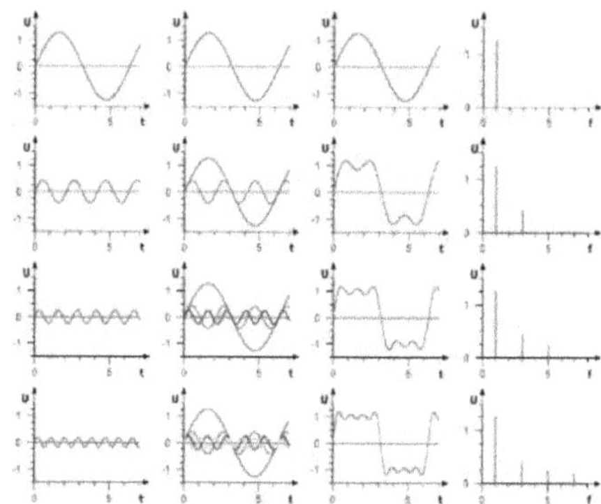

Die Fourier-Reihe zerlegt ein periodisches Signal in sein *Frequenzspektrum*. Dabei kann es sich zum Beispiel um akustische (Klänge) oder optische Wellen (Licht) oder elektrische Signale in der Signalverarbeitung handeln. Sogar das menschliche Gehör kann Fourieranalysieren: wir hören bei einem Klang Grund- und Obertöne.

Die rechte Abbildung zeigt den zeitlichen Verlauf der Amplitude des Klangs einer Saite sowie dessen Frequenzspektrum. Zu Beginn – beim Streichen der Saite – erscheint das zeitliche Signal eher unregelmässig. Im Frequenzspektrum ist zu erkennen, dass der Grundton (ungefähr 300 Hz) sowie viele Obertöne angeregt wurden und gleichzeitig erklingen. Bis zum Ausklingen der Saite wurden die Obertöne deutlich gedämpft. Der zeitliche Verlauf ähnelt einer Sinuskurve, und im Frequenzspektrum wird deutlich, dass im Wesentlichen nur noch der Grundton der Saite schwingt.

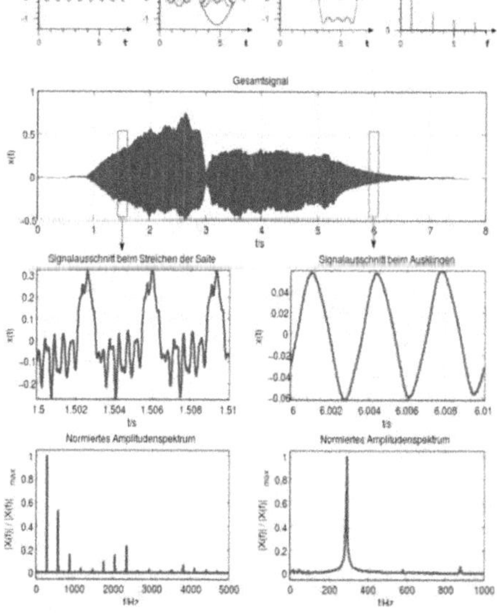

Das nebenstehende Bild zeigt das Licht von Gasentladungslampen sowie das zugehörige Spektrum. Die verschiedenen Farben repräsentieren unterschiedliche Wellenlängen bzw. Frequenzen des Lichts.

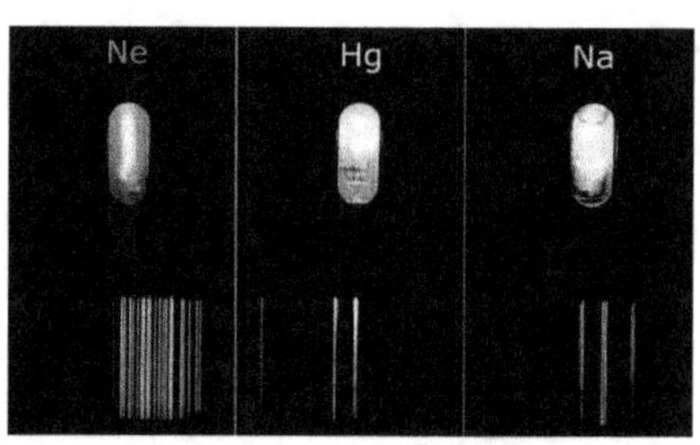

Es ist auch möglich, räumlich periodische Strukturen mittels Fourierreihen zu analysieren. Dies ermöglicht zum Beispiel die Untersuchung der Periodizität von Kristallstrukturen. Darüber hinaus kann die räumliche Struktur von Bildern mittels Fourieranalyse untersucht werden. Beispielsweise werden bei der Kompression von Bildern im jpg-Format hohe Frequenzen (d.h. schnelle Änderungen) abgeschnitten, um die Dateigrösse zu reduzieren.

Aufgabe 14: Wir haben die Interferenz zweier identischer Wellen mit einer Phasenverschiebung unter Anwendung der Additionstheoreme hergeleitet. Mit der Euler'schen Formel gelingt die Herleitung eleganter. Mit der Euler'schen Formel lässt sich der Sinus ausdrücken:

$$\sin(z) = \frac{e^{i \cdot z} - e^{-i \cdot z}}{2 \cdot i}.$$ Zeige damit, dass bei einer Phasenverschiebung von π destruktive Interferenz auftritt.

Aufgabe 15: Wenn man Helium einatmet, verwandeln sich selbst tiefe Stimmen in hohe „Micky Maus"-Stimmen. Die Tonhöhe steigt dabei um etwa eine Oktave (2 : 1) und eine Quinte (3 : 2). Das genaue Frequenzverhältnis ist 2.92. Welche Schallgeschwindigkeit ergibt sich daraus im Helium?

Aufgabe 16: Heinrich Hertz gelang es 1886 als Erster, die von James Clerk Maxwell mehr als 20 Jahre zuvor theoretisch vorhergesagten elektromagnetischen Wellen experimentell nachzuweisen und zu untersuchen. Hertz konnte stehende Wellen mit einem Knotenabstand von 4.8 m zwischen seinem Sender und einer metallischen Wand erzeugen. Welche Frequenz hatte sein Sender, wenn die Wellen sich mit Lichtgeschwindigkeit ausbreiteten? Hertz selbst konnte damals weder die Frequenz noch die Ausbreitungsgeschwindigkeit messen.

Aufgabe 17: Nebenstehend ist ein Michelson-Interferometer dargestellt. Die Lichtquelle ist ein Helium-Neon Laser mit der Wellenlänge 632 nm.

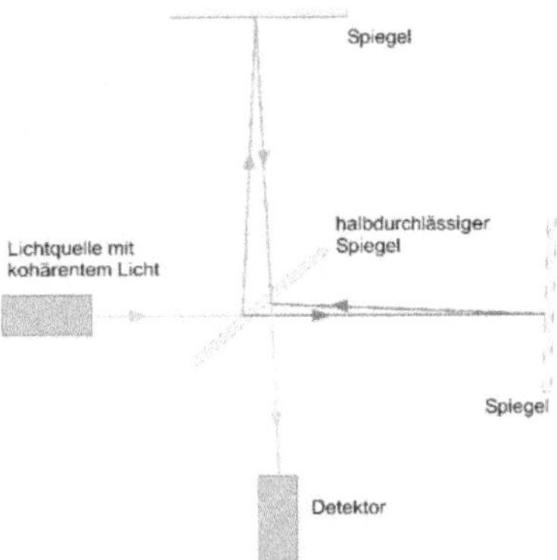

a) Das Interferometer ist so eingestellt, dass sich die beiden Strahlen überlagern und der Detektor kein Signal detektiert. Es liegt
   - ☐ konstruktive Interferenz,
   - ☐ destruktive Interferenz,
   - ☐ Schwebung vor.

   Die beiden Teilstrahlen sind beim Detektor
   - ☐ nicht verschoben.
   - ☐ $\lambda/4$ verschoben.
   - ☐ $\lambda/2$ verschoben.
   - ☐ λ verschoben.

b) Nun wird der rechte Spiegel um 2.844 μm verschoben.

   Der Detektor registriert nun
   - ☐ eine hohe Lichtintensität.
   - ☐ eine mittlere Helligkeit.
   - ☐ eine sehr niedrige Intensität.
   - ☐ … (Kann man nicht sagen.)

   Vor dem Verschieben ist es dunkel. Wie oft wird es während dem verschieben noch dunkel?

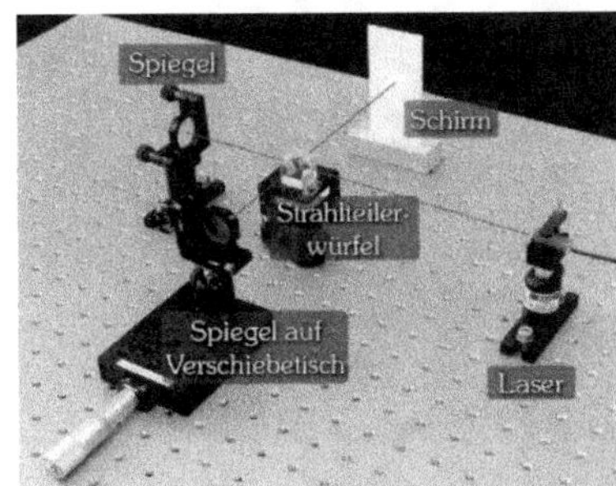

Aufgabe 18: In einem Mach-Zehnder-Interferometer wird
das einfallende Licht durch einen Strahlteiler in zwei
verschiedene Lichtstrahlen gleicher Intensität

$$y = \hat{y} \cdot \sin\left(\omega \cdot t - k \cdot x + \varphi_0\right)$$ aufgeteilt und an einem

zweiten Strahlteiler wieder überlagert. Da das Licht vom
Eingang aus, jeden der beiden Ausgänge auf zwei
verschiedenen Wegen erreichen kann, kommt es zur
Interferenz zwischen den Lichtstrahlen, welche den

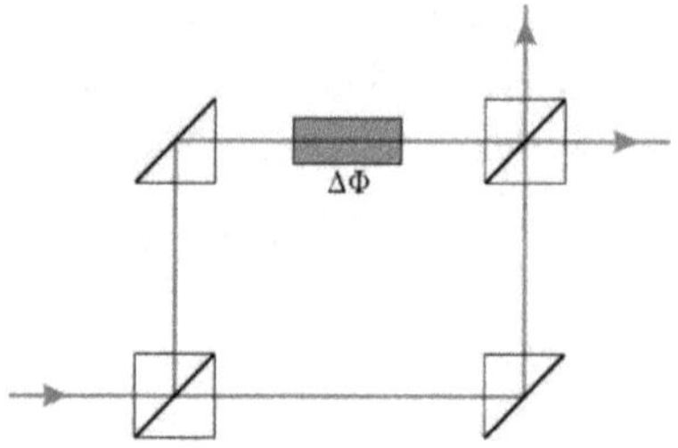

„oberen" bzw. den „unteren" Weg genommen haben, wodurch die Intensität in beiden
Ausgängen von der optischen Weglängendifferenz $\Delta\Phi$ zwischen den beiden Wegen abhängt.

a) Für welche Messungen eignet sich das Mach-Zehnder-Interferometer?

b) Die Intensität des detektierten Lichts ist proportional zum Quadrat der Amplitude der
   überlagerten Welle. Drücke die Intensität als Funktion der Phasendifferenz $\Delta\Phi$ aus.

c) Bei welcher Phasendifferenz ist das Interferometer am empfindlichsten gegenüber
   Änderungen der Phasendifferenz?

d) Angenommen, eine Intensitätsänderung von einem Prozent ist messbar. Welche minimale
   Längenänderung eines der beiden Lichtwege entspricht dies bei einer Wellenlänge von
   536 nm unter den in Teil b) ermittelten Bedingungen?

Aufgabe 19: Zwei Schwingungen gleicher Frequenz und gleicher Amplitude können sich auf
verschiedene Weise überlagern. Sie können entweder in Phase schwingen (Phasenver-
schiebung $\Delta\varphi = 0$), gegenphasig schwingen ($\Delta\varphi = \pi$) oder in beliebiger Phasenverschiebung
zueinander stehen ($0 < \Delta\varphi < \pi$). Berechne die resultierende Schwingung allgemein, indem
Du die zweite Schwingung um Phase $\Delta\varphi$ gegenüber der ersten verschiebst. Benutze dazu die
Additionstheoreme. Wie gross ist die Amplitude der resultierenden Schwingung bei für
$\Delta\varphi = 0$, $\Delta\varphi = {}^{\pi}/_2$, $\Delta\varphi = {}^{\pi}/_3$, $\Delta\varphi = {}^{2\pi}/_3$ und $\Delta\varphi = \pi$.

Stehende Wellen

Wir lassen zwei identische Wellen gegeneinander laufen:

$$y_1 = \hat{y_0}\sin(\omega t - kx)$$
$$y_2 = \hat{y_0}\sin(\omega t + kx) \quad \Rightarrow \quad y = y_1 + y_2 = \hat{y_0}\left(\sin(\omega t - kx) + \sin(\omega t + kx)\right)$$

$$\text{mit} \quad \sin(\alpha \pm \beta) = \sin\alpha\cos\beta \pm \cos\alpha\sin\beta$$

$$\Rightarrow \quad y = \hat{y_0}\left[\sin\omega t\cos kx - \cos\omega t\sin kx + \sin\omega t\cos kx + \cos\omega t\sin kx\right]$$

$$= 2\hat{y_0}\sin\omega t\cos kx$$

$$\text{mit} \quad \hat{y} = 2\hat{y_0}$$

Eine *stehende Welle* wird durch die folgende Gleichung beschrieben:

$$y(x,t) = 2\hat{y}\sin(\omega t)\cos(kx)$$

Zwei offene bzw. zwei feste Enden (offene Pfeife, Saite)	*Ein offenes und ein geschlossenes Ende* (gedackte Pfeife)

An beiden Enden befinden sich

.Knoten. bzw. .Bäuche.

Für die Frequenzen gilt also:

$$f_1 = \frac{c}{2\cdot l} \qquad \text{(Grundton)}$$

$$f_n = n \cdot f_1 \qquad \text{(Obertöne)}$$

$$\text{mit } n = 1, 2, 3, 4 \ldots$$

An einem Ende befindet sich ein ..Knoten..

und am anderen ein ..Bauch..

Für die Frequenzen gilt also:

$$f_1 = \frac{c}{4l} \qquad \text{(Grundton)}$$

$$f_n = n \cdot f_1 \qquad \text{(Obertöne)}$$

$$\text{mit } n = 1, 3, 5, 7 \ldots$$

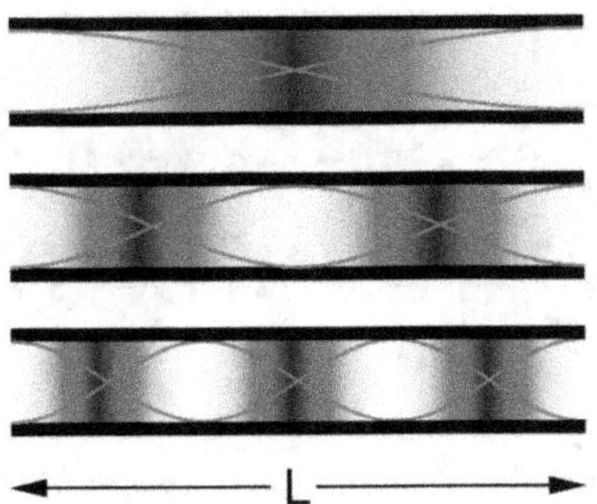

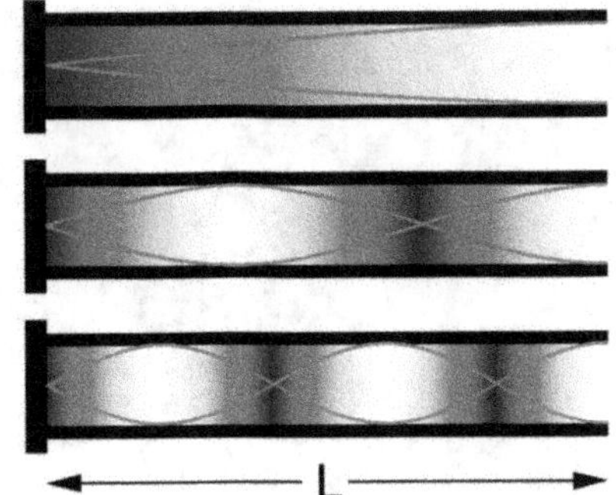

Aufgabe 20: Eine stehende Welle wird durch folgende Funktion beschrieben:

$$y = 12.05 \cdot \sin(94.25 \cdot t) \cdot \sin(31.42 \cdot x),$$

wobei die Elongation in Zentimeter, die Zeit in Sekunden und der Ort in Meter gemessen wird.

a) Gib Amplitude, Periode, Frequenz und Wellenlänge dieser Welle an.

b) Hat die Welle an der Stelle $x = 0$ m einen Knoten oder einen Bauch? Begründe Deine Antwort mathematisch.

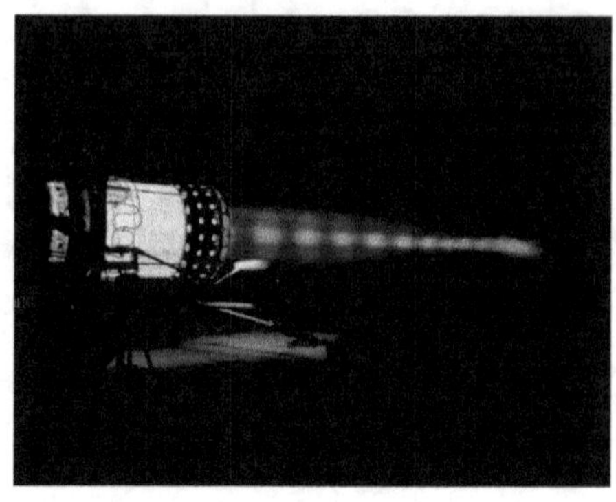

Aufgabe 21: Die Gezeiten in der Nordsee werden durch die Gezeitenwellen aus dem Nordatlantik ausgelöst, da die Nordsee selbst zu klein ist, um eine nennenswerte Tide auszubilden. Entlang der Nordseeküste variiert der Tidenhub stark. Eine vereinfachte Erklärung dafür ist, dass sich in der Nordsee eine stehende Welle ausbildet. Wenn man die Nordsee als rechteckiges Becken betrachtet, ergibt sich eine Länge von 1'250 km zwischen der Linie Shetland-Bergen und der belgischen Kanalküste. Am nördlichen Ende dieses Beckens wird die Gezeitenwelle durch den Atlantik mit einer Periode von 12 h 25 min angeregt und bewegt sich nach Süden. An der Südküste wird diese Welle reflektiert und kehrt nach etwa 40 h wieder zum Ausgangspunkt zurück. Wie gross ist die Wellenlänge der Gezeitenwelle in der Nordsee? Wie viele Knoten (amphidromische Punkte ohne Tidenhub) bilden sich in der Nordsee aus?

Signalübertragung

Die Modulation ist eines der wichtigsten Verfahren der Nachrichtentechnik. Bei der Modulation wird eine Trägerwelle durch ein Nutzsignal (zum Beispiel Musik, Sprache oder Daten) verändert (moduliert). Dabei wird entweder die Amplitude oder die Frequenz der hochfrequenten Trägerwelle durch das niederfrequente Nutzsignal moduliert.

Nutzsignale können aus verschiedenen Gründen nicht direkt übertragen werden:

- Würde man Sprache oder Musik direkt senden, gäbe es landesweit nur ein einziges „Programm", da dieses den gesamten Niederfrequenzbereich beanspruchen würde. Jedes andere Programm würde denselben Frequenzbereich belegen.
- Zudem wären aufgrund der niedrigen Frequenz sowohl sendeseitig als auch empfangsseitig sehr grosse Antennen erforderlich.
- Bei modulierten Signalen lassen sich viele zusätzliche Informationen übertragen, wie beispielsweise die beiden Stereokanäle oder die Informationen des Radio Data Systems (RDS).
- Hochfrequente Signale breiten sich wesentlich besser aus als niederfrequente Wellen.

Bei der **Amplitudenmodulation (AM)** wird die Amplitude des hochfrequenten Signals in Abhängigkeit vom zu übertragenden, niederfrequenten (modulierenden) Nutzsignal verändert. Beim Tremolo in der Musik handelt es sich um Amplitudenmodulation. Amplitudenmodulation kommt durch Überlagerung der Trägerwelle mit der Frequenz ω mit zwei weiteren Wellen mit den Frequenzen $\omega \pm \Delta\omega$ (Seitenbänder) zustande.

Bei der **Frequenzmodulation (FM)** wird die Trägerfrequenz durch das zu übertragende Signal verändert. Die Frequenzmodulation bietet im Vergleich zur Amplitudenmodulation einen höheren Dynamikumfang des Informationssignals und ist weniger anfällig gegenüber Störungen.

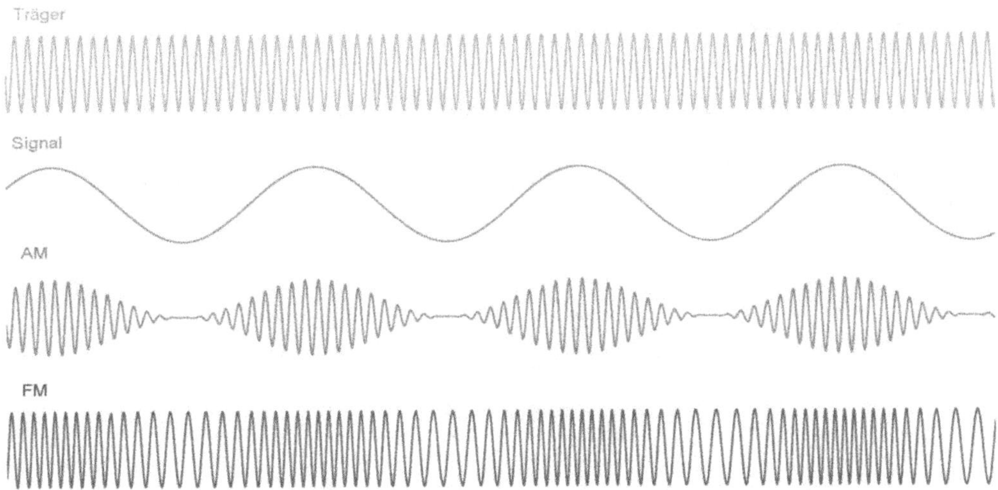

Aufgabe 22: Zeige, dass die Überlagerung an der Stelle $x_0 = 0$ einer Trägerwelle $y_T(t) = \sin(\omega \cdot t)$ mit den zwei Seitenbänder $y_\pm(t) = \frac{1}{2} \cdot \sin\big((\omega \pm \Delta\omega) \cdot t\big)$ zu einem amplitudenmodulierten Signal führt. Benutze dazu die Additionstheoreme oder die Identität: $\sin(z) = \dfrac{e^{i\cdot z} - e^{-i\cdot z}}{2 \cdot i}$.

Elektromagnetische Wellen

Der Schwingkreis

Ein elektrischer Schwingkreis ist eine resonanzfähige elektrische Schaltung aus einer Spule und einem Kondensator, die elektrische Schwingungen ausführen kann.

Beschreibung der Schwingung in Worten

① Der Kondensator C ist geladen. Es fliesst kein Strom.

② Nun entlädt sich C durch die Spule L. Dabei hindert die Induktivität den Strom. Ist C leer, so erliegt der Strom nicht sofort, da L träge ist.

③ So lädt sich C mit umgekehrter Polarität auf.

④ Nun fliesst der Strom durch L wieder zurück, bis C wieder geladen' ist.

Mathematische Beschreibung des Schwingkreises

$$U_C + U_L = 0 \qquad \text{mit} \quad C = \frac{Q}{U_C} \quad \text{und} \quad U_L = -L \cdot \dot{I}$$

$$\frac{1}{C} Q - L \cdot \dot{I} = 0 \qquad \text{mit} \quad I = -\dot{Q}$$

$$\frac{1}{C} Q + L \ddot{Q} = 0 \qquad \text{mit dem Ansatz} \qquad Q = Q_0 \sin(\omega t)$$

$$\frac{1}{C} Q_0 \sin(\omega t) - L Q_0 \omega^2 \sin(\omega t) = 0$$

$$\omega^2 = \frac{1}{L \cdot C} \qquad \omega = \frac{1}{\sqrt{L \cdot C}}$$

Im idealen (R = ..0.Ω..) *Schwingkreis* (LC-Glied) schwingen Spannung und Strom

....harmonisch..... . Die Kreisfrequenz beträgt

$$\omega = \frac{1}{\sqrt{L \cdot C}}$$

Die Dipolantenne

Wir denken uns einen geschlossenen Schwingkreis zu einem offenen Schwingkreis gestreckt.
Dabei werden die beiden Platten des Kondensators voneinander getrennt, wodurch ein Dipol
entsteht. Im extremen Fall besteht der Schwingkreis nur noch aus einem Stab, der eine Induktivität L und eine Kapazität C besitzt. Im
Schwingkreis wechseln sich periodisch magnetische und elektrische Felder ab. Durch das
Öffnen des Schwingkreises breiten sich die
zuvor auf den Kondensator und die Spule
begrenzten Felder im Raum aus.

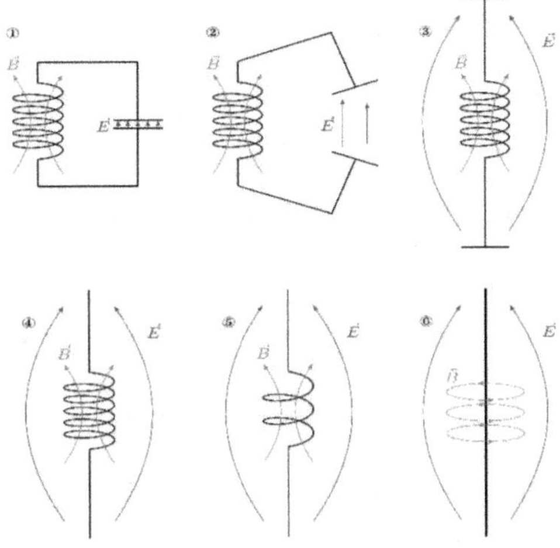

Eine *Dipolantenne* besteht aus einem geraden Metallstab
oder Draht. Sie ist ein offener Schwingkreis und
wandelt hochfrequenten Wechselstrom in elektromagnetische Wellen und umgekehrt um. Sie kann
sowohl zum Senden als auch zum Empfangen von
Signalen verwendet werden. Die optimale Länge
einer Dipolantenne beträgt etwa die Hälfte der
Wellenlänge λ des speisenden Wechselstroms.

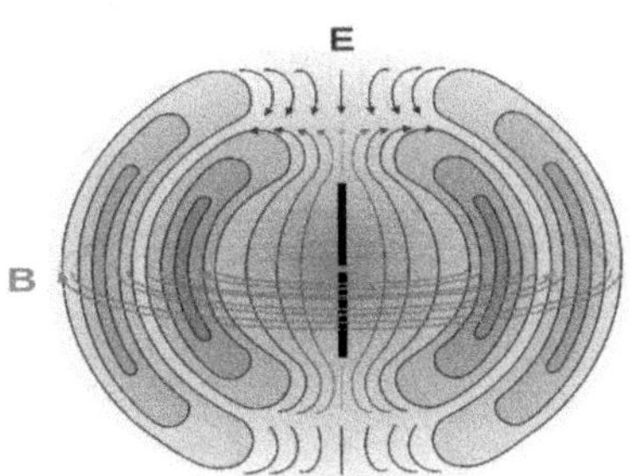

Das Diagramm zeigt eine Dipolantenne, die eine Funkwelle empfängt. Die Antenne besteht aus
zwei Metallstäben, die mit einem Empfänger R verbunden sind. Das elektrische Feld der an-
kommenden Welle (grüne Pfeile) schiebt die Elektronen in den Stäben hin und her, wodurch die
Enden der Antenne abwechselnd positiv und negativ geladen werden. Da die Antennenlänge der
halben Wellenlänge der empfangenen Funkwelle entspricht, entstehen in den Stäben stehende
Wellen von Spannung (dargestellt durch das rote Band) und Strom. Die oszillierenden Ströme
(schwarze Pfeile) fliessen durch den Empfänger R. Auf der Antenne bildet sich eine stehende Welle
aus, wobei das Potential eine Konten in der Mitte und Bäuche an den Enden der Antenne hat.

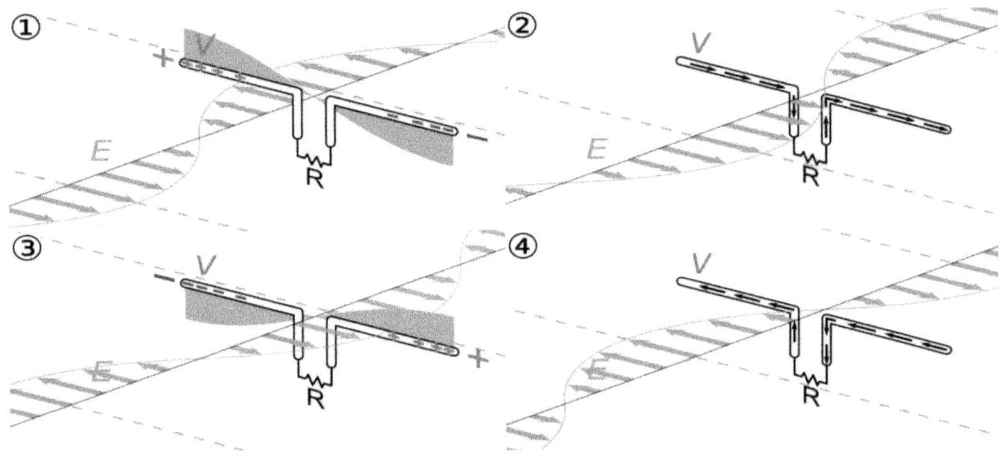

Elektromagnetische Wellen

Als *elektromagnetische Welle* bezeichnet man eine Welle aus gekoppelten *elektrischen*
und *magnetischen* Feldern. Sie können sich im ...*Vakuum*... ausbreiten.

Beispiele für elektromagnetische Wellen sind *Licht, Radiowellen,*
Röntgen, γ-Strahlen, Mikrowellen ...

Elektromagnetische Wellen sind ...*Transversal*.. wellen.

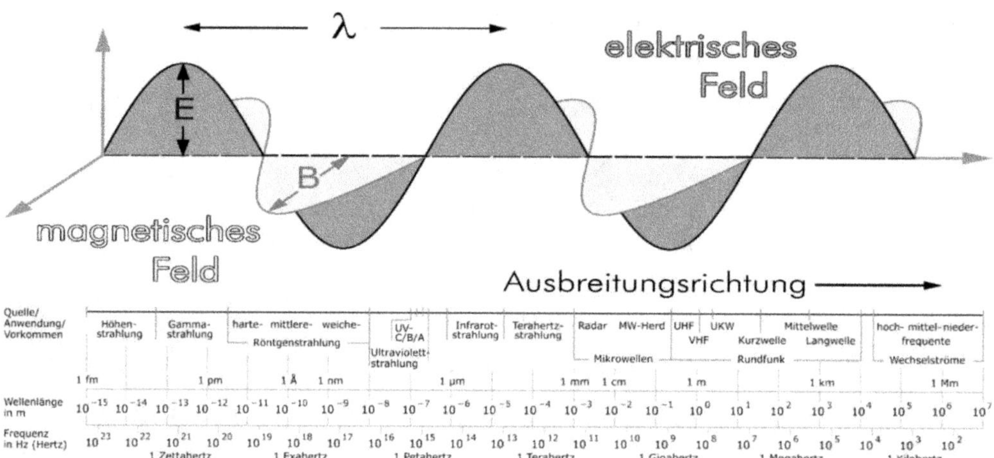

Quelle/ Anwendung/ Vorkommen	Höhen-strahlung	Gamma-strahlung	harte- mittlere- weiche- Röntgenstrahlung	UV-C/B/A Ultraviolett-strahlung	Infrarot-strahlung	Terahertz-strahlung	Radar MW-Herd UHF UKW VHF Mikrowellen	Mittelwelle Kurzwelle Langwelle Rundfunk	hoch- mittel- nieder-frequente Wechselströme
	1 fm	1 pm	1 Å 1 nm		1 µm	1 mm 1 cm	1 m	1 km	1 Mm
Wellenlänge in m	10^{-15} 10^{-14}	10^{-13} 10^{-12}	10^{-11} 10^{-10} 10^{-9}	10^{-8} 10^{-7}	10^{-6} 10^{-5}	10^{-4} 10^{-3}	10^{-2} 10^{-1} 10^{0}	10^{1} 10^{2} 10^{3} 10^{4}	10^{5} 10^{6} 10^{7}
Frequenz in Hz (Hertz)	10^{23} 10^{22} 10^{21} 1 Zettahertz	10^{20} 10^{19} 10^{18} 1 Exahertz	10^{17} 10^{16} 10^{15} 1 Petahertz	10^{14} 10^{13} 10^{12} 1 Terahertz	10^{11} 10^{10} 10^{9} 1 Gigahertz	10^{8} 10^{7} 10^{6} 1 Megahertz	10^{5} 10^{4} 10^{3} 1 Kilohertz	10^{2}	

Experimente

Schwingkreise und Hertzscher Dipol

Messung der Lichtgeschwindigkeit

Die Maxwellgleichungen

$$\vec{\nabla}\cdot\vec{E} = \rho/\varepsilon_0$$
$$\vec{\nabla}\cdot\vec{B} = 0$$
$$\vec{\nabla}\times\vec{E} = -\dot{\vec{B}}$$
$$\vec{\nabla}\times\vec{B} = \mu_0\vec{j} + \mu_0\varepsilon_0\dot{\vec{E}}$$

Im Vakuum ist die Ladungsdichte und die Stromdichte null:

$$\rho = 0 \qquad \vec{j} = \vec{0}$$

$$\text{I} \quad \vec{\nabla}\cdot\vec{E} = 0 \qquad \text{III} \quad \vec{\nabla}\times\vec{E} = -\dot{\vec{B}}$$
$$\text{II} \quad \vec{\nabla}\cdot\vec{B} = 0 \qquad \text{IV} \quad \vec{\nabla}\times\vec{B} = \mu_0\varepsilon_0\dot{\vec{E}}$$

aus III
$$\vec{\nabla}\times(\vec{\nabla}\times\vec{E}) = \vec{\nabla}\times(-\dot{\vec{B}})$$
$$= -\vec{\nabla}\times\dot{\vec{B}}$$

mit IV
$$= -\mu_0\varepsilon_0\ddot{\vec{E}}$$

mit der Grassmann-Identität
$$\vec{\nabla}\times(\vec{\nabla}\times\vec{E}) = \vec{\nabla}(\vec{\nabla}\vec{E}) - \vec{\nabla}^2\vec{E}$$

$$\vec{\nabla}(\vec{\nabla}\cdot\vec{E}) - \vec{\nabla}^2\vec{E} = -\mu_0\varepsilon_0\ddot{\vec{E}}$$
$$\underbrace{\quad}_{= 0 \;(\text{mit I})}$$

$$\vec{\nabla}^2\vec{E} = -\mu_0\varepsilon_0\ddot{\vec{E}}$$

1-dimensional $\vec{\nabla} = \delta/\delta_x$

$$\frac{\delta^2\vec{E}}{\delta\vec{x}^2} = \mu_0\varepsilon_0\frac{\delta^2\vec{E}}{\delta t^2}$$

Ansatz: $\vec{E} = \vec{E}\sin(\omega t - kx)$

$$-k^2\vec{E}\sin(\omega t - kx) = -\mu_0\varepsilon_0\vec{E}\omega^2\sin(\omega t - kx)$$

$$k^2 = \mu_0\varepsilon_0\omega^2$$

$$\frac{\omega^2}{k^2} = \frac{1}{\mu_0\varepsilon_0} = c^2$$

$$c = \sqrt{\frac{1}{\mu_0\varepsilon_0}}$$

Guglielmo Marconi (* 1874 in Bologna; † 1937 in Rom) war ein bedeutender Erfinder, Elektroingenieur, Physiker und Politiker, der für die Entwicklung eines drahtlosen Telegrafiesystems mit Radiowellen bekannt wurde. Durch seine bahnbrechenden Leistungen gilt Marconi als einer der Erfinder des Radios. 1909 wurde ihm zusammen mit Karl Braun der Nobelpreis für Physik verliehen – in Anerkennung ihrer Beiträge zur Entwicklung der drahtlosen Telegrafie. Marconis Arbeit legte den Grundstein für Radio, Fernsehen und moderne drahtlose Kommunikationssysteme. Als Unternehmer gründete er 1897 die Wireless Telegraph & Signal Company, die später als Marconi Company bekannt wurde.

Hedy Lamarr (* 1914 in Wien; † 2000 in Florida) war eine österreichisch-amerikanische Filmschauspielerin und Erfinderin. Sie emigrierte aufgrund des Nationalsozialismus in die USA und wurde ab Ende der 1930er Jahre zu einem Hollywood-Star. Während des Zweiten Weltkriegs entwickelte sie für die US Navy eine Funkfernsteuerung für Torpedos. Ihre patentierte Technik des Frequency Hoppings findet heute Anwendung in Bluetooth-Verbindungen.

Die einfachste *Lösung der Maxwellgleichungen* im Vakuum (ohne Ladung und Strom) sind

ebene Wellen, wobei das elektrische und das magnetische Feld

senkrecht zueinander stehen. Die Ausbreitungsgeschwindigkeit ist $c = \frac{1}{\sqrt{\varepsilon_0\mu_0}}$

Aufgabe 23: Die Sonne ist 1 Astronomische Einheit (1 AE $= 1.496 \cdot 10^{11}$ m) von der Erde entfernt. Der nächste Stern zur Erde, Proxima Centauri, befindet sich in einer Entfernung von 4.25 Lichtjahren. Wie viel weiter ist Proxima Centauri von uns entfernt, als wir von der Sonne sind? Gib die Entfernung zu Proxima Centauri also in Astronomischen Einheiten an.

Aufgabe 24: Mit einer Dipolantenne soll eine Mikrowelle mit 550 MHz empfangen werden. Wie lang muss diese Antenne sein?

Aufgabe 25: Der elektrische Schwingkreis bildet die Grundlage für Rundfunk- und Fernsehtechnik. Ähnlich wie bei mechanischen Schwingungen werden dabei periodisch zwei Energieformen ineinander umgewandelt. Vergleiche die elektromagnetische Schwingung im Schwingkreis mit der harmonischen Schwingung eines Federpendels.

a) Welche Energieformen werden im Schwingkreis ineinander umgewandelt?

b) Welche Eigenschaften des Federpendels entsprechen den Grössen L und C im Schwingkreis?

c) Wie beeinflusst der Ohm'sche Widerstand das Verhalten eines realen Schwingkreises? Welcher Eigenschaft eines Federpendels entspricht der Ohm'sche Widerstand?

Aufgabe 26: An einem Schwingkreis wird die Spannung gemessen. Der Kondensator hat eine Kapazität von 35 µF und die Spule eine Induktivität von 920 mH. Mit welcher Frequenz schwingt der Zeiger des angeschlossenen Voltmeters?

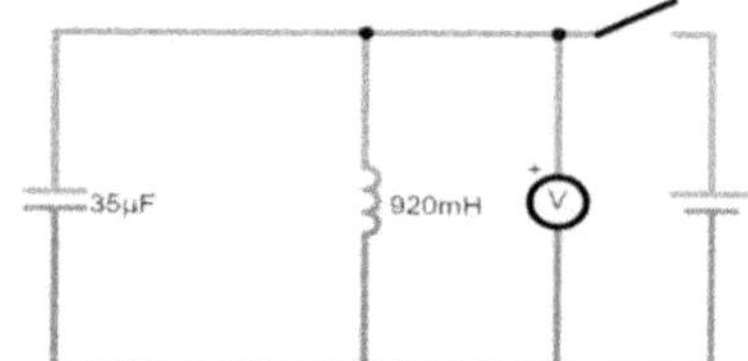

Aufgabe 27: Bei analogen Radios wird die Resonanzfrequenz des Schwingkreises des Empfängers mit einem Drehkondensator mit variabler Kapazität eingestellt. Eine Drehung um 180° entspricht einem Frequenzbereich von 88.0 MHz bis 108.0 MHz. Die Induktivität der Schwingkreisspule beträgt 0.250 µH.

a) Auf welchen Wert muss Nadine die Kapazität des Drehkondensators einstellen, um den Sender mit der Frequenz 101.5 MHz zu empfangen?

b) Um welchen Winkel muss man den Drehkondensator vom unteren Anschlag aus drehen, um diese Frequenz zu erreichen? Wir nehmen an, dass die Kapazität linear mit dem Drehwinkel zunimmt.

Aufgabe 28: Das Bild zeigt ein RF-Etikett. Auf der Oberseite befindet sich ein Strichcode mit der Artikelnummer. Auf der Rückseite ist eine silbrig glänzende Spirale zu erkennen, die als Spule und Antenne dient. Der blaue Steg verbindet Anfang und Ende der Spule mit einem Kondensator. Gemeinsam bilden Spule und Kondensator einen Schwingkreis. Die Resonanzfrequenz des Schwingkreises beträgt 600 kHz. Wenn ein zusätzlicher

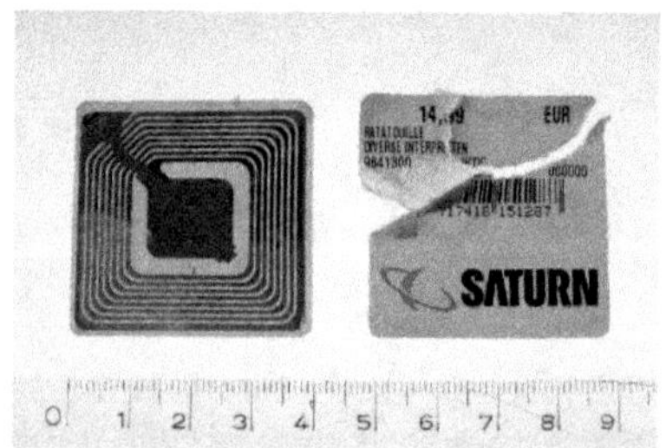

Kondensator parallel zum bestehenden Kondensator geschaltet wird, wodurch die Kapazität um 256 pF erhöht wird, sinkt die Resonanzfrequenz auf 200 kHz. Bestimme die Kapazität des ursprünglichen Kondensators und die Induktivität der Spule des Schwingkreises, wobei der Ohm'sche Widerstand vernachlässigt wird.

Lösungen

1. $\omega = 1\ s^{-1}$
   a) $\hat{y} = 20\ cm$
   b) $t = 1.57\ s$
   c) $y = 16.8\ cm$
   d) $v = -8.32\ ^{cm}/_s$
   e) $a = -20\ cm/s^2$

2. a) $y = 1.7\ m$
   b) $v = 52\ cm/h$
      $a = 0\ m/s^2$
   c) $t = 7.47\ h$

3. a) $\Delta l = 2.63\ mm$
   b) $l = 37.7366\ cm$
      $\Delta l = 0.4\ mm = 0.73\ Umdrehungen$

4. $y(t) = \hat{y} \cdot \cos(\omega \cdot t + \varphi_0)$

   $v(t) = -\omega \cdot \hat{y} \cdot \sin(\omega \cdot t + \varphi_0)$

   $a(t) = -\omega^2 \cdot \hat{y} \cdot \cos(\omega \cdot t + \varphi_0)$

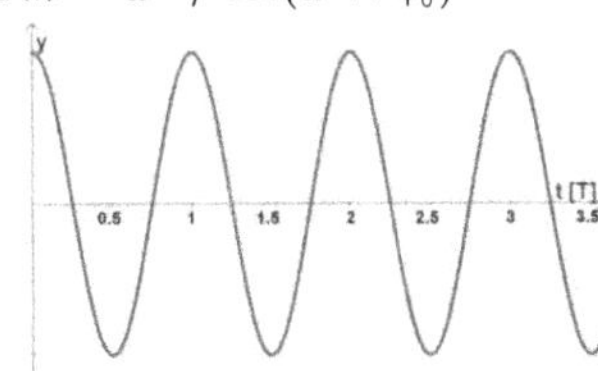

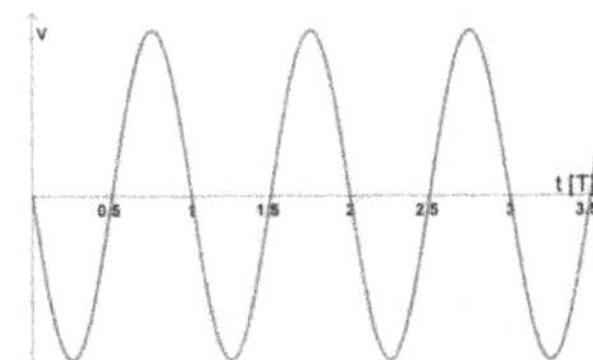

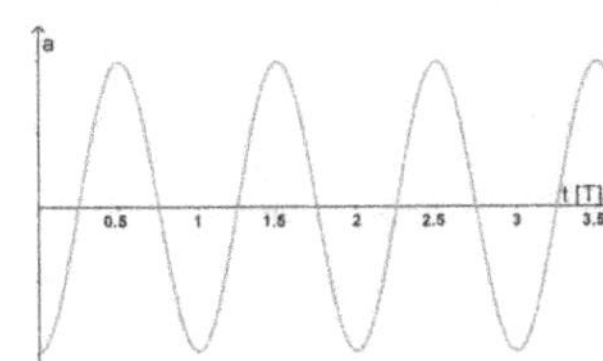

5. $\varphi(t) = \hat{\varphi} \cdot \cos(\omega \cdot t + \varphi_0)$

   mit $\omega = \sqrt{\dfrac{k}{J}}$

6. $y(t) = \hat{y} \cdot \cos(\omega \cdot t + \varphi_0) + \overline{y}$

   mit $\overline{y} = -\dfrac{m \cdot g}{D}$

   Es wird einzig die Ruhelage verschoben.

7. Die Masse kürzt sich aus der Bewegungsgleichung heraus. Je schwerer der Pendelkörper, umso träger ist er auch.

8. Die Amplitude nimmt exponentiell zu und das System schwingt nicht.

9. Die Amplitude nimmt exponentiell ab und das System schwingt nicht.

10. Die Masse bewegt sich zeitlich auf pulsierenden quadratischen Funktionen. Sie schwingt also nicht harmonsich.

11. $T = 2.03\ s$

12. a) Die rückstellende Kraft ist proportional zur Auslenkung y. $F_R = -\rho \cdot g \cdot A \cdot y$
    b) $T = 0.45\ s$
    c) $v = 0.42\ m/s$
    d) Nein, die Periode hängt nicht von der Amplitude ab.
    e) Nein, denn der Zylinder wäre vollständig eingetaucht, wodurch die rückstellende Kraft nicht mehr proportional zur Auslenkung wäre.

13. a) $F_R = -2 \cdot \rho \cdot g \cdot A \cdot s$

    b) $\omega = \sqrt{\dfrac{L}{2 \cdot g}}$, $T = 2\pi \cdot \sqrt{\dfrac{2 \cdot g}{L}}$

    c) $m \cdot \ddot{s} = -2 \cdot \rho \cdot g \cdot A \cdot s$
       $\rho \cdot A \cdot L \cdot \ddot{s} = -2 \cdot \rho \cdot g \cdot A \cdot s$
       $L \cdot \ddot{s} = -2 \cdot g \cdot s$

14. $y = \hat{y}\sin(\varphi) + \hat{y}\sin(\varphi + \pi)$

    $= \hat{y} \cdot \dfrac{e^{i\varphi} - e^{-i\varphi}}{2 \cdot i} + \hat{y} \cdot \dfrac{e^{i(\varphi + \pi)} - e^{-i(\varphi + \pi)}}{2 \cdot i}$

    $= \hat{y} \cdot \dfrac{e^{i\varphi} - e^{-i\varphi}}{2 \cdot i} + \hat{y} \cdot \dfrac{e^{i\pi}\left(e^{i\varphi} - e^{-i\varphi}\right)}{2 \cdot i}$

    $= \hat{y} \cdot \dfrac{e^{i\varphi} - e^{-i\varphi}}{2 \cdot i} - \hat{y} \cdot \dfrac{e^{i\varphi} - e^{-i\varphi}}{2 \cdot i} = 0$

15. $c = 1.00\ km/s$

16. $f = 31\ MHz$

17. a) ☑ destruktive Interferenz
       ☑ $\lambda/2$ verschoben
    b) ☑ eine sehr niedrige Intensität
       9-mal (bzw. 8-mal)

18. a) Das Mach-Zehnder-Interferometer eignet sich für Messungen von Phasenunterschieden zwischen zwei Lichtstrahlen. Es wird häufig verwendet, um Weglängenunterschiede zu bestimmen, Brechungsindizes von Materialien zu messen, kleine Veränderungen in Grössen wie Temperatur oder Druck zu detektieren.
    b) $J = 4 \cdot \hat{y} \cdot \cos\left(\dfrac{\Delta\Phi}{2}\right) J = 4 \cdot y^2 \cdot \cos^2(\Delta\varphi/2)$
    c) $\Delta\varphi = 90°$
    d) $\Delta d = 0.85\ nm$

19. $\hat{y}_{res} = 2 \cdot \hat{y} \cdot \left|\cos\left(\dfrac{\Delta\varphi}{2}\right)\right|$

    $\Delta\varphi = 0 \qquad \hat{y}_{res} = 2 \cdot \hat{y}$ (konstruktive Superposition)

    $\Delta\varphi = {}^\pi/_2 \qquad \hat{y}_{res} = \sqrt{2} \cdot \hat{y}$

    $\Delta\varphi = {}^\pi/_3 \qquad \hat{y}_{res} = \sqrt{3} \cdot \hat{y}$

    $\Delta\varphi = {}^{2\pi}/_3 \qquad \hat{y}_{res} = \hat{y}$

    $\Delta\varphi = \pi \qquad \hat{y}_{res} = 0$ (destruktive Superposition)

20. a) $\hat{y} = 12.05\ cm$, $T = 0.0667\ s$,
       $f = 15.00\ Hz, \lambda = 0.20\ m$
    b) Einen Knoten, da $\sin(0) = 0$.

21. $\lambda = 780$ km

$N = 3$

Bem: Durch die Wirkung der Erddrehung entstehen in Wirklichkeit keine Knotenlinien, sondern Knotenpunkte, die so genannten amphidromischen Punkte.

22. Herleitung mit Hilfe der Euler'schen Identität:

$$y = y_T + y_+ + y_- = \sin(\omega \cdot t) + \tfrac{1}{2}\sin((\omega + \Delta\omega)\cdot t) + \tfrac{1}{2}\sin((\omega - \Delta\omega)\cdot t)$$

$$= \sin(\omega \cdot t) + \tfrac{1}{2}\cdot\frac{e^{i(\omega+\Delta\omega)t} - e^{-i(\omega+\Delta\omega)t}}{2\cdot i} + \tfrac{1}{2}\cdot\frac{e^{i(\omega-\Delta\omega)t} - e^{-i(\omega-\Delta\omega)t}}{2\cdot i}$$

$$= \sin(\omega \cdot t) + \tfrac{1}{2}\cdot\frac{e^{i\Delta\omega t}e^{i\omega t} - e^{-i\Delta\omega t}e^{-i\omega t} + e^{i\Delta\omega t}e^{-i\omega t} - e^{-i\Delta\omega t}e^{i\omega t}}{2\cdot i}$$

$$= \sin(\omega \cdot t) + \tfrac{1}{2}\cdot\frac{e^{i\Delta\omega t}\cdot\left(e^{i\omega t} + e^{-i\omega t}\right) - e^{-i\Delta\omega t}\cdot\left(e^{i\omega t} + e^{-i\omega t}\right)}{2\cdot i}$$

$$= \sin(\omega \cdot t) + \tfrac{1}{2}\cdot\frac{\left(e^{i\Delta\omega t} - e^{-i\Delta\omega t}\right)\cdot\left(e^{i\omega t} + e^{-i\omega t}\right)}{2\cdot i}$$

$$= \sin(\omega \cdot t) + \frac{e^{i\Delta\omega t} - e^{-i\Delta\omega t}}{2\cdot i}\cdot\frac{e^{i\omega t} + e^{-i\omega t}}{2}$$

$$= \sin(\omega \cdot t) + \sin(\omega \cdot t)\cos(\Delta\omega \cdot t)$$

$$= \sin(\omega \cdot t)\cdot\left(1 + \cos(\Delta\omega \cdot t)\right)$$

23. $d = 2.69\cdot10^5$ AE = 269'000 AE

24. $L = 0.273$ m

25. a) Federpendel: potentielle & kinetische Energie. Schwingkreis: Energie des elektrischen und des magnetischen Feldes.

b) Die Trägheit der Kugel (Masse m) entspricht der Induktivität L der Spule.
Die Härte der Feder (Federkonstante D) entspricht dem reziproken Wert der Kapazität C des Kondensators.

c) Der Ohm'sche Widerstand bewirkt eine Dämpfung. Er entspricht der Reibung.

26. $f = 28.0$ Hz

27. a) $C = 9.83$ pF
b) $\alpha = 133°$

28. $C = 32.0$ pF
$L = 2.20$ mH

Bildquellen

Seite 1 „Lissajous Figur" von Dietmar Rabich via Wikimedia Commons (Creative Commons BY-SA 4.0)

Seite 4 „Federpendel" von Oleg Alexandrov via Wikimedia Commons (Public Domain)

Seite 5 „Seiche im Loch Ness" von Smokeonthewater via Wikimedia Commons (Creative Commons BY-SA 3.0)
„Seiche auf dem Lake Erie", National Oceanic and Atmospheric Administration NOAA via Wikimedia Commons (Public Domain)

Seite 6 „U-Rohr" von And1mu via Wikimedia Commons (Creative Commons BY-SA 4.0)

Seite 7 „Inseln" von Stiller Beobachter via Flickr (Creative Commons BY-SA 4.0)

Seite 8 „Interferenz" von Inductiveload via Wikimedia Commons (Public Domain)

Seite 9 „Schwebung" via Wikimedia Commons (Public Domain)

Seiet 10 „Rechteckskasten" von René Schwarz via Wikimedia Commons (Creative Commons BY-SA 1.0)
„Geigentonspektrum" von Michael Lenz via Wikimedia Commons (Creative Commons BY-SA 3.0)
„Spektrallampen" von Sheevar via Wikimedia Commons (Creative Commons BY-SA 3.0)

Seite 11 „Michelson-Interferometer" von nd via Wikimedia Commons (Creative Commons BY-SA 2.0)
„Michelson-Interferometer" von FLO via Wikimedia Commons (Creative Commons BY-SA 3.0)

Seite 12 „Mach-Zehnder" von Qcomp via Wikimedia Commons (Creative Commons BY-SA 4.0)

Seite 13 „Stehende Wellen" von MikeRun via Wikimedia Commons (Creative Commons BY-SA 4.0)

Seite 14 „Afterburner", NASA via Wikimedia Commons (Public Domain)
„Amphidromien" von Ulamm via Wikimedia Commons (Creative Commons BY-SA 3.0)
„Flammenrohr" MikeRun via Wikimedia Commons (Creative Commons BY-SA 4.0)

Seite 16 „Schwingkreis" von X3ntar via Wikimedia Commons (Public Domain)

Seite 17 „Offener Schwingkreis" von And1mu via Wikimedia Commons (Creative Commons BY-SA 4.0)
„EM-Felder" von Averse & Maschen via Wikimedia Commons (Public Domain)
„Dipolantenne" von Chetvorno / MikeRun via Wikimedia Commons (Public Domain)

Seite 18 „EM-Wellen" nach Parri via Wikimedia Commons (Creative Commons BY-SA 3.0)
„EM-Spektrum" von Horst Frank via Wikimedia Commons (Creative Commons BY-SA 3.0)

Seite 19 „Marconi", LIFE Photo Archive via Wikimedia Commons (Public Domain)
„Heddy Lamarr", Metro Goldwynn Meyer via Wikimedia Commons (Public Domain)

Seite 20 „RFID" von Maschenjunge via Wikimedia Commons (Creative Commons BY-SA 3.0)

Alle restlichen Grafiken von Christian Wyss (Creative Commons BY-SA 4.0)

Die Creative Commons Lizenzen sind unter https://creativecommons.org/ erhältlich.

Das vorliegende Skript wurde von Dr. Christian Wyss erstellt und ist unter www.mathema.ch zu beziehen.

Strahlenoptik

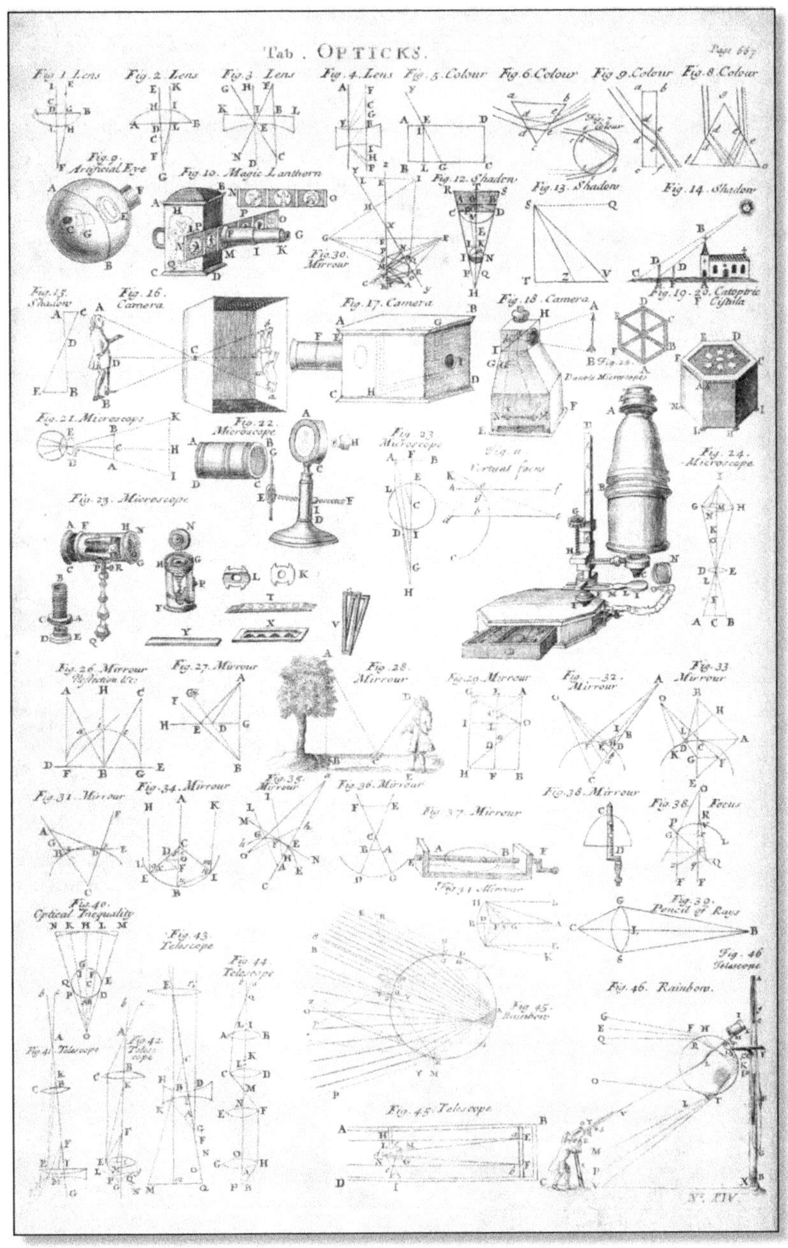

Diese Seite erschien in einer der der ersten Enzyklopädien, der „Cyclopaedia or an universal dictionary of arts and sciences" im Jahr 1728 in London. Auf ihr sind viele optische Effekte und Instrumente abgebildet. Kennst Du einige davon bereits?

1. Einleitung

Die Optik (vom altgriechischen „Lehre vom Sehen") ist ein Teilgebiet der Physik, das sich mit der Ausbreitung von Licht und dessen Wechselwirkungen mit Materie beschäftigt. Die Vielfalt *optischer Phänomene in der Natur* ist enorm. Zu diesen gehören Sonnen- und Kerzenlicht, Schatten, Farben sowie das Morgenrot, die Fata Morgana und der Regenbogen. Auch die Farben einer Benzinlache, die Reflexion von Licht auf einem See und die Brechung von Licht an der Wasseroberfläche werden durch die Optik erklärt.

Die Optik hat zahlreiche *technische Anwendungen*. Laser werden in der Industrie und der Medizin eingesetzt, und Licht in Glasfasern findet in der Telekommunikation und Messtechnik Verwendung. Fotoapparate, Projektoren, Mikroskope und Fernrohre sind allesamt optische Instrumente.

Die Optik gehört zu den ältesten Bereichen der Physik. Die menschliche Vorstellung vom Licht hat sich im Laufe der Zeit dramatisch verändert. An der *Entwicklung der Optik* lässt sich gut die Entwicklung physikalischer Theorien verfolgen. Einfache geometrische Erklärungen wurden durch komplexere Modelle abgelöst. Licht wurde sowohl als Teilchenstrahl als auch als Welle betrachtet. Im 19. Jahrhundert wurde die Lehre vom Licht in die Elektrizitätslehre integriert, und im letzten Jahrhundert entstand die Quantentheorie, das heute gültige Bild der Optik.

2. Lichtstrahlen

Die Ausbreitung von Licht

Licht breitet sich …… *geradlinig* …… aus.

In der Strahlenoptik stellen wir Lichtstrahlen geometrisch als Geraden dar.

Lichtquellen

Licht wird an einer Quelle ausgesendet und breitet sich von dort aus. Typischen Lichtquellen sind die LED-Lampen, die Sonne, Kerzen, Bildschirme und Feuer. Typische Modelle von Lichtquellen sind:

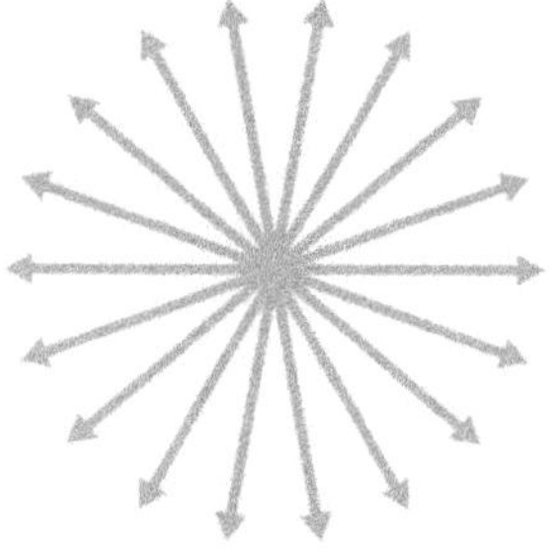

Punktlichtquelle

(. *LED-Lampe* .)

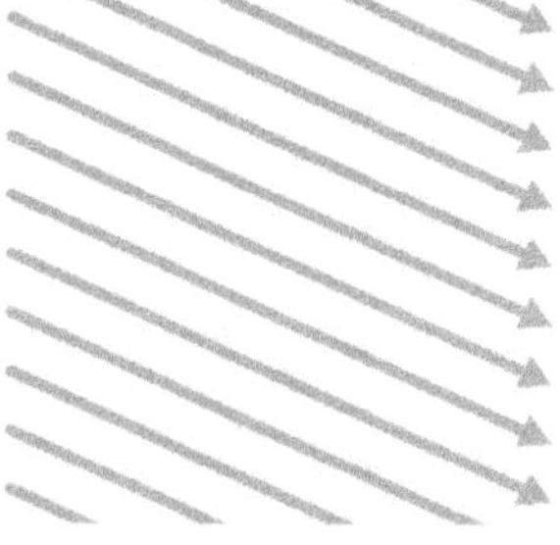

Parallelbeleuchtung

(. *Sonnenlicht* .)

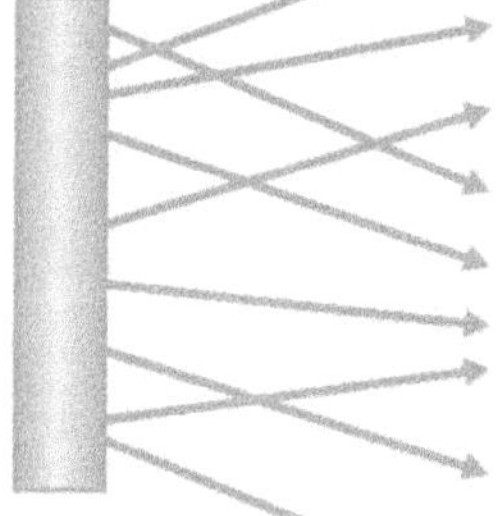

Flächenstrahler

(. *Leuchtstoffröhre* .)

Eine ...**reale**... Lichtquelle entspricht keinem dieser ..**idealen**.. Modelle. Ob sich die Lichtquelle ähnlich einer dieser idealen Typen verhält, hängt nicht nur von der Geometrie der Quelle, sondern auch vom Betrachtungsort und der Grösse des beobachteten Gebietes ab. Das Licht der Sonne trifft nahezu parallel auf der Erde auf. In der Nähe der Sonne wirst Du jedoch einen riesigen flächigen Strahler beobachten. Betrachtet man die Sonne hingegen aus grosser Distanz im Universum, verhält sie sich wie eine Punktlichtquelle.

Licht und Schatten

Die nebenstehende Figur zeigt einen Körper in einem mit mehreren Lampen beleuchteten Raum. Du kannst mehrere Typen von Schatten erkennen:

Eigen – und Schlagschatten

Im Schlagschatten kannst Du zwischen

Kern – und Halbschatten

unterscheiden.

Aufgabe 1: Die Gestalt des Schlagschattens hängt von der Art der Lichtquelle ab. Konstruiere in den folgenden Figuren jeweils den Schlagschatten des Objektes auf der Wand. Zeichne dazu einige wichtige Lichtstrahlen ein.

a) *Punktlichtquelle:* Das Licht breitet sich von der Lampe aus geradlinige in alle Richtungen aus.

Lampe   Objekt   Wand

b) *Parallelbeleuchtung:* Alle Lichtstrahlen sind parallel zueinander. Es ist nur ein einziger Strahl eingezeichnet. Dieser gibt die Richtung des Lichtes an.

Richtung der Strahlen   Objekt   Wand

c) *Flächenstrahler:* Das Licht breitet sich von jedem Punkt der Lichtquelle geradlinig in alle Richtungen aus. Du musst also gut überlegen, welche Strahlen für die Konstruktion des Schlagschattens wichtig sind.

Lampe   Objekt   Wand

d) Beschreibe in kurzen Worten, welche typischen Eigenschaften die Schlagschatten für die unterschiedlichen Lichtquellen jeweils haben.

....

....

....

Aufgabe 2: Wird das Licht der Sonne am besten durch eine Punktlichtquelle, als Parallelbeleuchtung oder durch einen Flächenstrahler beschrieben?

Aufgabe 3: Karawanen brechen früh am Morgen auf, um
die Mittagshitze zu vermeiden. Diese Aufnahme wurde
in der Sahara am frühen Morgen gemacht. In welche
Himmelsrichtung ziehen die Kamele?

Aufgabe 4: Die Scheinwerfer eines Autos beleuchten eine Plakatsäule. Welche Schattenart (Kernschatten, Halbschatten, kein Schatten) tritt an den markieren Stellen A, B und C auf?

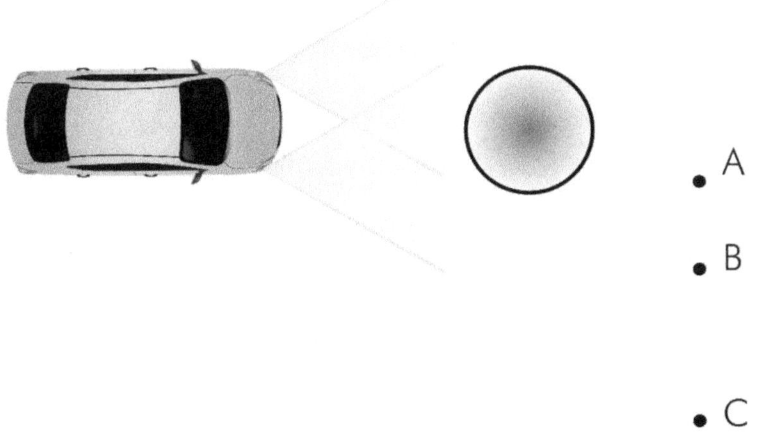

Aufgabe 5: Das linke Bild zeigt den Mondaufgang auf der Erde und das rechte den Erdaufgang
auf dem Mond. Weshalb ist der Himmel links hell und auf dem rechten Bild schwarz?

Ein Lichtstrahl ist nur dann .. sichtbar...., wenn er direkt in das Auge des Betrachters fällt.

Der Erdumfang

Aufgabe 6: Eratosthenes von Kyrene (* zwischen 276 und 273; † um 194 v. u. Z.) war ein aussergewöhnlich vielseitiger griechischer Gelehrter in der Blütezeit der hellenistischen Wissenschaften. Er betätigte sich als Mathematiker, Geograph, Astronom, Historiker, Philologe, Philosoph und Dichter und er leitete die Bibliothek von Alexandria, die bedeutendste Bibliothek der Antike. Seine auf sorgfältigen Messungen beruhende Bestimmung des Erdumfangs gehört zu den bekanntesten wissenschaftlichen Leistungen des Altertums. Eratosthenes bestimmte den Abstand zwischen Syene S (heutiges Assuan) und Alexandria A mit einem

Schrittzähler (5'000 Stadien). Ein attisches Stadion betrug vermutlich 157.5 m. An beiden Orten stellte er ein Gnomon – einen Obelisken – zur Ablesung der Schattenlänge auf. Die Messung der Sonnenhöhe über dem Horizont wurde mit diesen Geräten mittags am Tag der Sommersonnenwende durchgeführt. Sie ergab, dass der Gnomon in Syene keinen Schatten warf, die Sonne also dort genau im Zenit stand. In Alexandria konnte man aus der Schattenlänge entnehmen, dass die Sonne dort $7°12' = 7.2°$ vom Zenit entfernt war. Berechne aus diesen Angaben Erdumfang und Erddurchmesser.

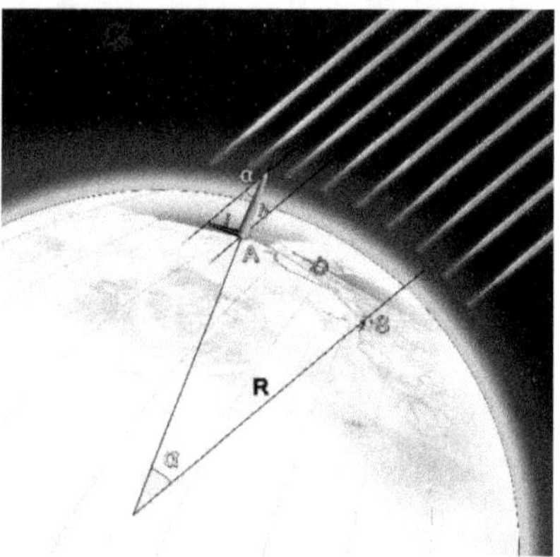

....

....

....

....

Eratosthenes entwarf zudem eine Karte der ihm bekannten Welt. Hier eine Nachzeichnung:

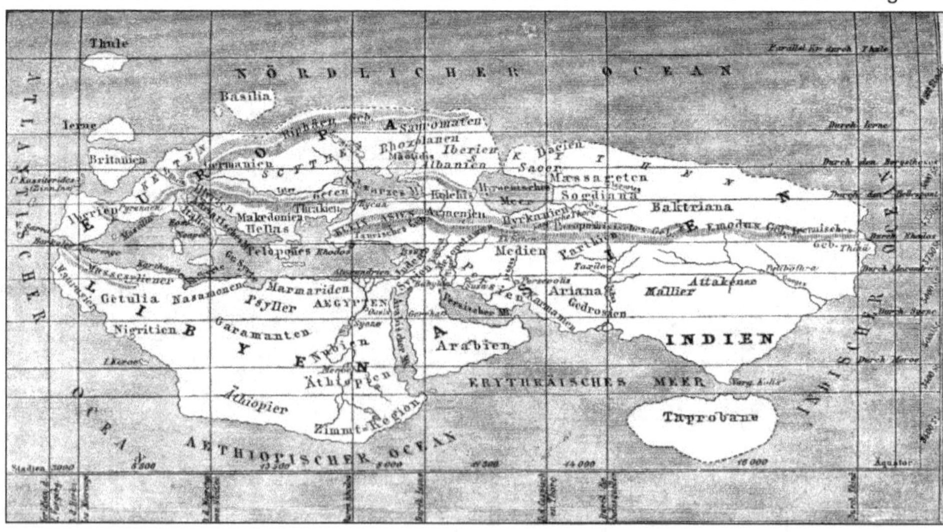

Mondphasen

Aufgabe 7: In diesen Bildern siehst Du den Mond. Aus diesen Figuren kannst Du allerhand
herauslesen. Was findest Du alles über den Mond und seine Phasen heraus? Welche
typischen Ereignisse erkennst Du? Woher rühren die Mondphasen?

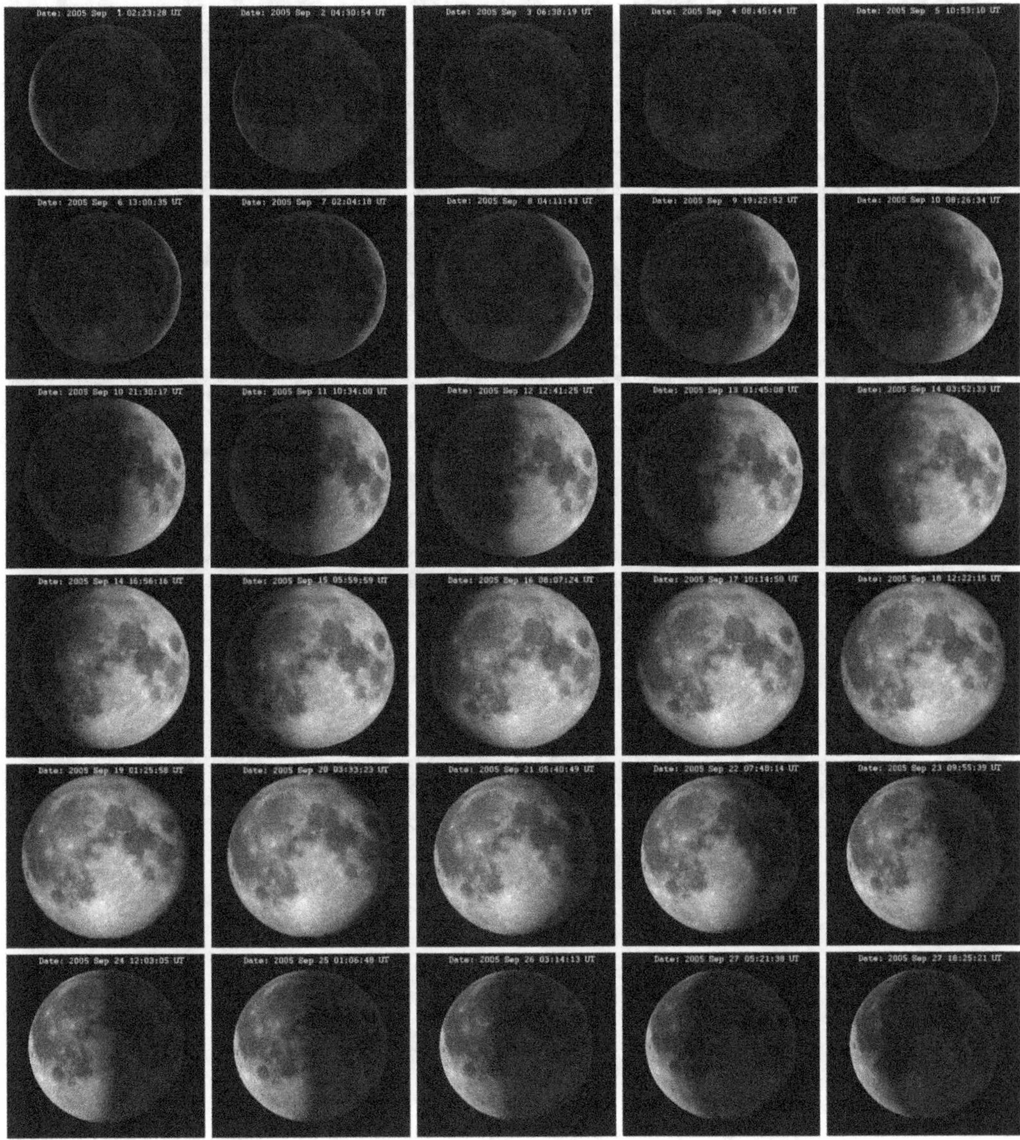

Sonnen- und Mondfinsternis

Diese Bilder zeigen den Mond bei einer *Mondfinsternis*.

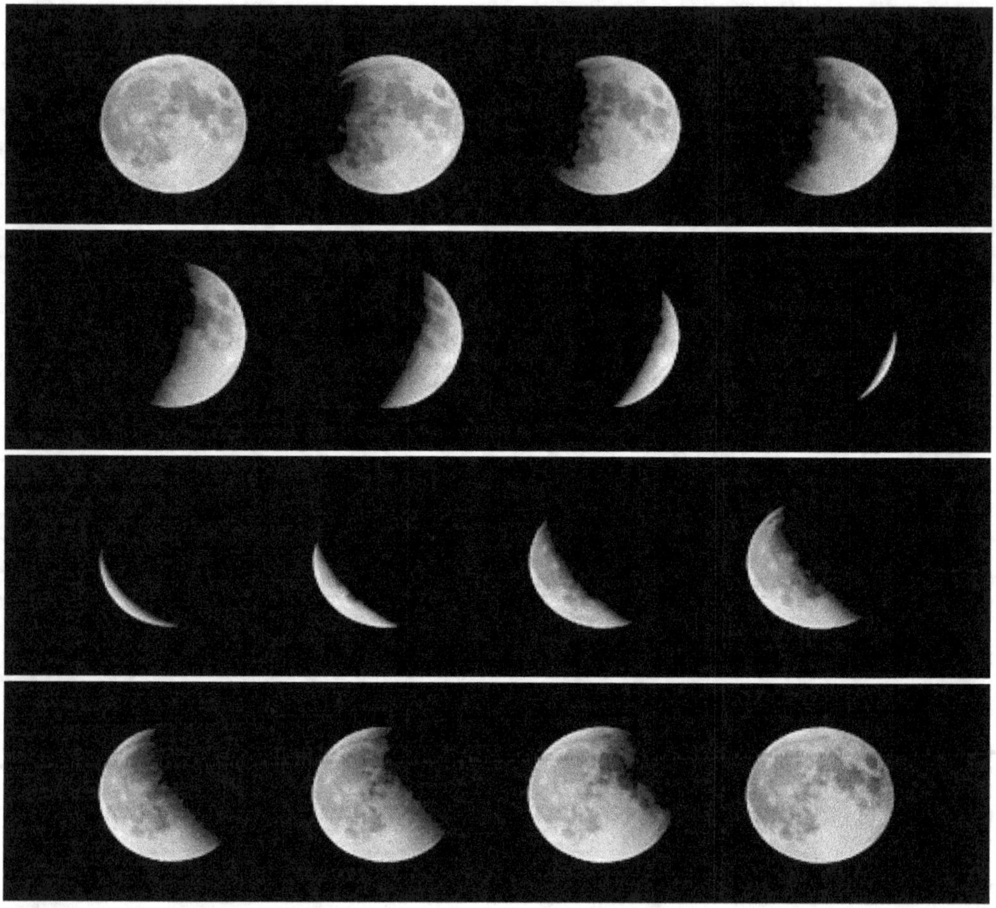

Aufgabe 8: Die nebenstehende Abbildung veranschaulicht, wie eine Mondfinsternis entsteht.

a) Beschreibe den Vorgang in Worten.

....

....

....

....

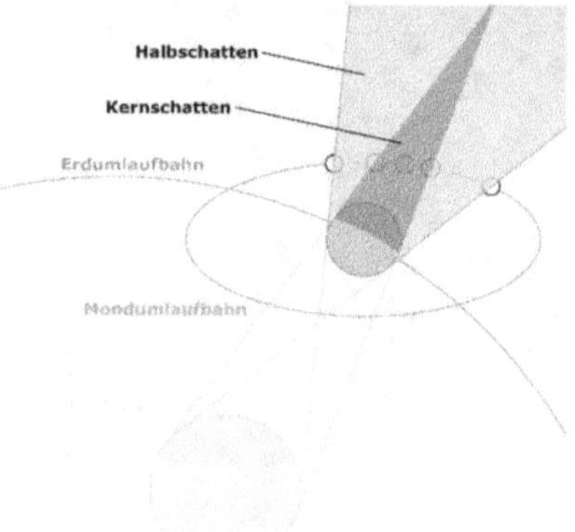

b) Ist bei einer Mondfinsternis Neumond, Halbmond, Vollmond oder nichts von all' dem?

....

Aufgabe 9: Noch eindrücklicher als eine Mondfinsternis ist eine Sonnenfinsternis.

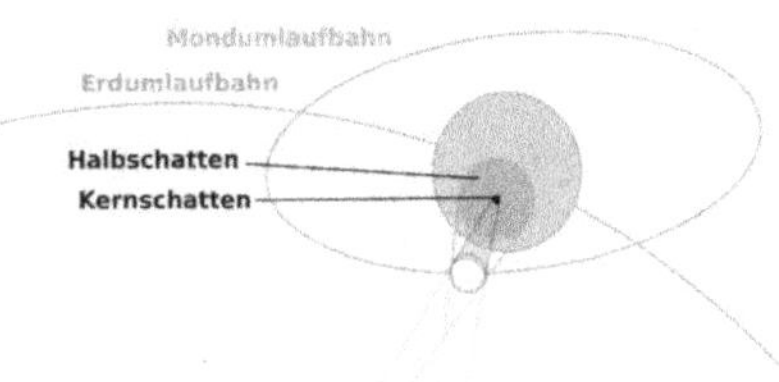

a) Erkläre mithilfe der nebenstehenden Figur, wie eine Sonnenfinsternis zustande kommt.

....

....

....

b) Ist bei einer Sonnenfinsternis Neumond, Halbmond, Vollmond oder nichts von all dem?

....

c) Es gibt verschiedene Arten von Sonnenfinsternissen: die totale Sonnenfinsternis, die ringförmige Sonnenfinsternis und die partielle Sonnenfinsternis. Beschrifte diese drei Bilder korrekt.

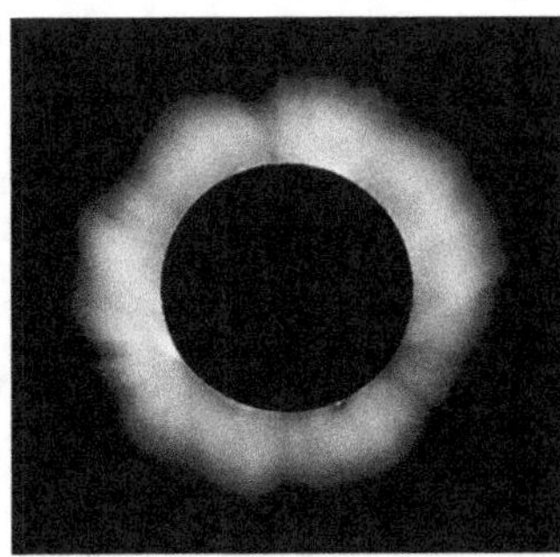

....

Aufgabe 10: Diese Aufnahme des Mondes wurde von der Nordhalbkugel aus gemacht. Welche der folgenden Aussagen zu dieser Fotografie sind korrekt?

- ☐ Es handelt sich um einen zunehmenden Mond.
- ☐ Es handelt sich um einen abnehmenden Mond.
- ☐ In etwa 9 Tagen ist Vollmond.
- ☐ Vor etwa 9 Tagen war Vollmond.
- ☐ In etwa 6 Tagen ist Vollmond.
- ☐ Vor etwa 6 Tagen war Vollmond.

Aufgabe 11: Welche Aussagen über eine Mondfinsternis sind korrekt?

- ☐ Der Mond ist auf der Verbindungslinie Erde-Sonne zwischen Sonne und Erde.
- ☐ Die Erde ist auf der Verbindungslinie Sonne-Mond zwischen Sonne und Mond.
- ☐ Eine Mondfinsternis kann man bei wolkenlosem Himmel nur in einem schmalen Streifen auf der Erde sehen.
- ☐ Eine Mondfinsternis kann man bei wolkenlosem Himmel von der ganzen Nachtseite der Erde zu sehen.

Aufgabe 12: Welche dieser Aussagen über eine Sonnenfinsternis sind korrekt?

- ☐ Der Mond ist in der Vollmondphase.
- ☐ Der Mond ist in der Neumondphase.
- ☐ Über die Mondphase kann man keine Aussage machen.
- ☐ Der Mond ist auf der Verbindungslinie Erde - Sonne zwischen Sonne und Erde.
- ☐ Die Erde ist auf der Verbindungslinie Sonne - Mond zwischen Sonne und Mond.
- ☐ Die Sonne ist auf der Verbindungslinie Erde - Mond zwischen Erde und Mond.
- ☐ Totale Sonnenfinsternisse sind auf jeweils schmale Streifen der Erde beschränkt.

Bilder mit Licht und Schatten

Schattenprojektion

Aufgabe 13: Bei einer Schattenprojektion wirft eine Lichtquelle einen Schatten eines Gegenstands
auf eine Leinwand: es entsteht ein Schattenbild, das den Umriss des Gegenstands zeigt.
Konstruiere den Schlagschatten des Gegenstandes (Objekt) auf der Bildebene (Wand).

a) Wo kommt die Pfeilspitze im Schattenbild zu liegen? Ist das Bild aufrecht oder verkehrt?
b) Zeichne in der Figur die **Grösse des Gegenstandes G** und die **Grösse des Bildes B** ein.
c) Zeichne nun auch noch die **Gegenstandsweite g** (Abstand Lampe – Gegenstand) und die
Bildweite b (Abstand Lampe – Bild) ein.
d) Um welchen Faktor V wird das Bild im Vergleich zum Gegenstand vergrössert?
e) Kannst Du die Vergrösserung V auch ausrechnen, wenn Du nur die Gegenstandsweite g
und die Bildweite b, nicht jedoch Gegenstands- und Bildgrösse kennst? Versuche eine
Formel zu finden.

Die Vergösserung wird wie folgt festgelegt:

Vergrösserung: $\qquad V = \dfrac{B}{G}$

Wegen der ...**Ähnlichkeit**... der Dreiecke bzw. der Strahlensätze gilt für die
Vergrösserung V folgendes Gesetz:

Vergrösserung: $\qquad V = \dfrac{B}{G} = \dfrac{b}{g}$

Aufgabe 14: Beantworte folgende Fragen zu den Eigenschaften der Vergrösserung V:

a) Wenn das Bild grösser als der Gegenstand ist, so hat die Vergrösserung V einen Wert,
der .... ist.

b) Wenn das Bild kleiner als der Gegenstand ist, so hat die Vergrösserung V einen Wert,
der .... ist.

c) Wird das Bild grösser oder kleiner, wenn die Bildebene weiter vom Gegenstand entfernt ist?

....

d) Wird das Bild grösser oder kleiner, wenn der Gegenstand weiter von der Lampe entfernt ist?

....

Gobo-Projektoren (**G**raphical **o**ptical **b**lack**o**ut) nutzen das Prinzip der Schatten-projektion und werden hauptsächlich für Bühnenshows und Werbezwecke ver-wendet. Ihr Vorteil liegt in ihrer hohen Hitzebeständigkeit, die sehr grosse und helle Projektionen ermöglicht.

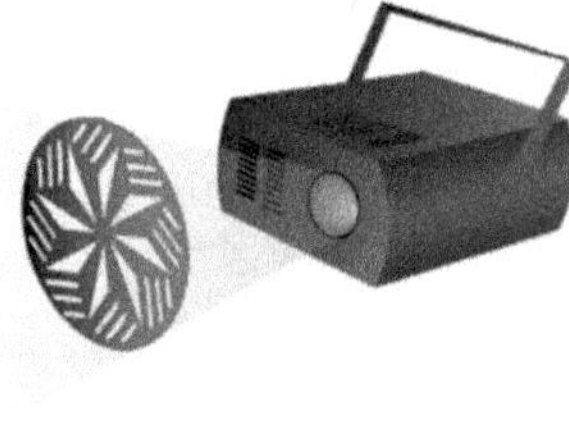

Bei einem Thorax-Röntgenbild wird der gesamte Brustkorb mit Röntgenstrahlen durchleuchtet und das Schattenbild aufgenommen. Diese Routineunter-suchung dient zur Beurteilung von Lunge, Herz, Mittelfell, Rippenfell, Zwerchfell, und dem knöchernen Brustkorb mit Rippen, Sternum und Brustwirbelsäule. Hier ist das Negativ abgebildet, wobei helle Bereiche wenig Strahlung bedeuten und umgekehrt.

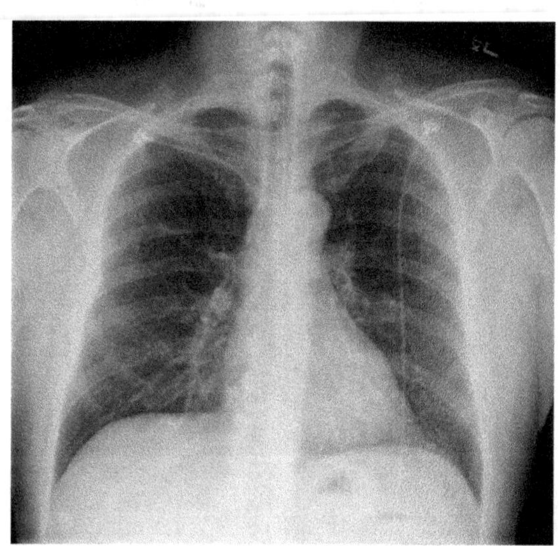

Die Lochkamera (Camera obscura)

Aufgabe 15: Konstruiere das Bild des Gegenstandes auf der Bildebene (Wand).

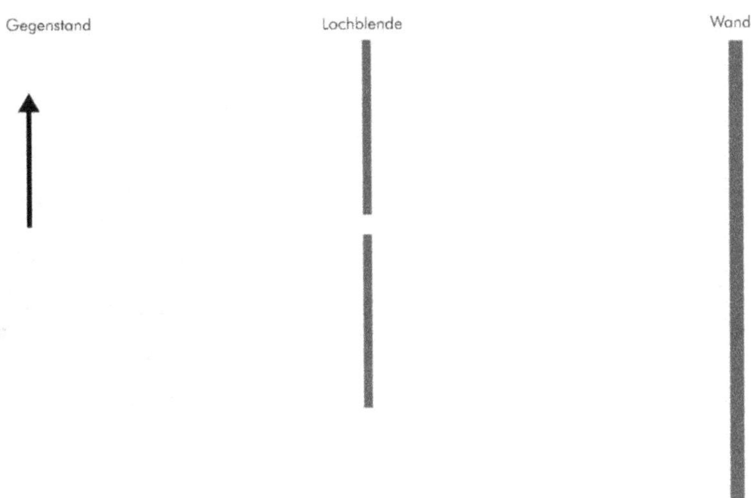

a) Wo kommt die Pfeilspitze im Bild zu liegen? Steht das Bild aufrecht oder verkehrt?

b) Zeichne in der Figur die **Grösse des Gegenstandes G** und die **Grösse des Bildes B** ein.

c) Zeichne nun auch noch die **Gegenstandsweite g** (Abstand Gegenstand – Blende) und die **Bildweite b** (Abstand Blende – Bild) ein.

d) Um welchen Faktor V wird das Bild im Vergleich zum Gegenstand vergrössert?

e) Kannst Du die Vergrösserung V auch ausrechnen, wenn Du nur die Gegenstandsweite g und die Bildweite b, nicht jedoch Gegenstands- und Bildgrösse kennst? Versuche auch hier eine Formel zu finden und begründe sie.

Wegen der Ähnlichkeit der Dreiecke gilt für die Vergrösserung V auch hier das folgende Gesetz:

Vergrösserung: $\qquad V = \dfrac{B}{G} = \dfrac{b}{g}$

Eine Strasse in Slowenien aufgenommen mit einer Lochkamera. Auffällig ist die enorme Tiefenschärfe.

Bild einer Strasse aufgenommen mit der Camera Obscura der Technischen Sammlung in Dresden.

Aufgabe 16: Der Obelisk auf dem Bild steht im Karnak-Tempel in Luxor (Ägypten). Ein danebenstehender 2 m langer Stab wirft einen Schatten von 3.2 m. Der Schatten des Obelisken ist 40 m lang. Wie hoch ist der Obelisk?

Aufgabe 17: Du kennst das Fingerschattenspiel bestimmt, bei dem man mit den Händen Schatten von Tieren und Monstern erzeugt. Die Kerze ist 20 cm von den Händen entfernt. Von den Händen zur Wand sind es 80 cm. Wie gross erscheint im Schattenriss der 6.5 cm lange Daumen?

Aufgabe 18: Auf Java und Bali in Indonesien hat das Schattenspiel eine jahrhundertealte Tradition. In diesen Spielen wird meist der Kampf des Guten gegen das Böse thematisiert. Die Leinwand eines Schattentheaters auf Bali hat eine Höhe von 1.80 m und einer Breite von 2.50 m.

a) Die dargestellte Figur habe im Original die Höhe 30 cm. Die punktförmig angenommene Lichtquelle ist 2.10 m von der Leinwand entfernt. In welcher Entfernung von der Leinwand muss der Schattenspieler seine Figur aufstellen, damit sie die Leinwand in der Höhe zur Hälfte ausfüllt?

b) Tatsächlich ist die Lichtquelle nicht punktförmig, sondern eine flackernde Kokosöl-Leuchte. Wie verändert sich dadurch das Schattenbild gegenüber einer Punktlichtlampe?

Aufgabe 19: Das Bild zeigt eine digitale Lochkamera. Die
Lochblende befindet sich mittig im Konus und besteht
aus einer Metallfolie mit einem geätzten Lochdurch-
messer von 0.1 mm Durchmesser und einer Bildweite
11 mm. Wir machen mit der Kamera ein Bild eines
10 m entfernten Busches mit einer Höhe von 1.8 m.
Wie gross ist das Bild auf dem Sensor-Chip?

Aufgabe 20: In Biel gibt es an der Schüss-Promenade eine
grosse Camera Obscura. Der Lichteinlass befindet sich
oben auf dem Dach, und das Licht wird mit einem
Umlenkspiegel auf einen horizontalen Tisch projiziert.
Auf dem projizierten Bild in der Camera Obscura kann
man den Fluss und die Enten darauf gut erkennen.
Eine Mandarinente ist in Wirklichkeit 20 cm lang,
erscheint auf dem Bild 8 cm gross. Die Projektion
befindet sich 2.5 m vom Loch der Camera Obscura
entfernt. Wie gross ist die Vergrösserung und wie weit
ist die Ente vom Loch entfernt?

Aufgabe 21: Dieses Bild zeigt einen Stuhl mit einem Korbgeflecht. Auffällig ist, dass, obwohl die Spalten im Geflecht länglich sind, die Bilder davon jedoch nahezu
kreisförmig erscheinen. Dies wird noch deutlicher
bei den runden, hellen Punkten an der Wand. Diese
Punkte entstehen durch die länglichen, dünnen Spalten
in der Jalousie, durch die die Jalousiebänder geführt
werden. Bei diesen hellen Kreisen handelt es sich um
Bilder der Sonne, die durch die Öffnungen auf die
Wand projiziert werden. Die Form der Öffnung ist

dabei unerheblich; die Flecken sind immer kreis- oder ellipsenförmig. Diese Lichtflecken, die
von der Sonne stammen, werden Sonnentaler genannt. Im Bild haben die Sonnentaler einen
Durchmesser von 2.4 cm. Wie gross ist der Durchmesser der Sonne? Die Jalousie ist 2.6 m
von der Wand entfernt. Die Sonne ist eine astronomische Einheit (1 AE = $1.5 \cdot 10^{11}$ m) von der
Erde entfernt. Gib das Resultat in AE und in Metern an.
Bem: Das Bild selbst wurde mit einer Lochkamera aufgenommen.

Aufgabe 22: Welchen Vorteil hat
es bei einer Lochkamera, ein
sehr kleines Loch zu machen?
Welchen Nachteil hat dies?
Die Figur hilft Dir vielleicht
dabei. Beim abgebildeten
Turm handelt es sich um
den Big Ben in London.

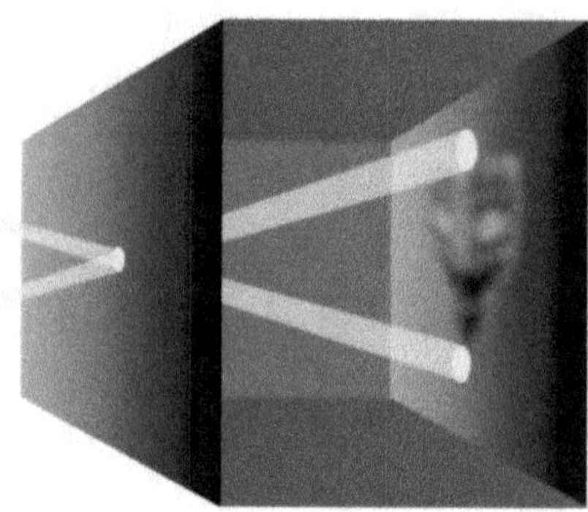

Das Prinzip der Lochkamera erkannte
bereits Aristoteles im 4. Jahrhundert
v. u. Z. In seinen Schriften wurde zum
ersten Mal die Erzeugung eines auf dem
Kopf stehenden Bildes beschrieben, wenn
das Licht durch ein kleines Loch in einen
dunklen Raum fällt. Das Bild zeigt eine
Camera obscura aus dem Jahr 1646.

Die grossen Augen des Nautilus befinden
sich seitlich am Kopf. Im Gegensatz zu den
Tintenfischen hat der Nautilus keine
Linsenaugen, sondern relativ einfache
Lochkameraaugen. Eine Einstülpung der
Haut ist mit lichtempfindlichen Sinneszellen
ausgekleidet. Diese Einstülpung ist
lediglich durch eine Lochblende bedeckt
und besitzt weder Linsen noch einen
Glaskörper.

3. Reflexion und Streuung

Das Reflexionsgesetz

In der Abbildung sind ein Lichtstrahl und ein Spiegel eingezeichnet. Zeichne den Gang (Weg) dieses Strahles in die Abbildung ein. Was passiert mit dem Strahl an der Oberfläche des Spiegels?

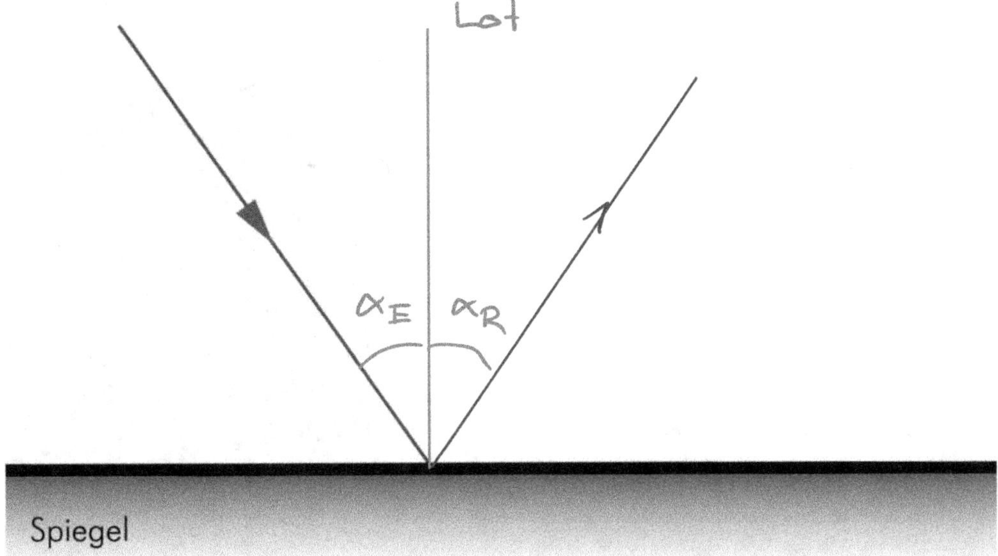

Trifft ein Lichtstrahl auf eine ....*glatte*.... Oberfläche (z. B. Metallplatte, Spiegel, Wasseroberfläche), so wird er reflektiert. Euklid (etwa 300 v. u. Z.) war vermutlich der Erste, der die Ausbreitungsrichtung des reflektierten Strahls studierte. Newton veröffentlichte sein Buch *Opticks: Or, a Treatise of the Reflexions, Refractions, Inflexions and Colours of Light* im Jahr 1704. *Opticks* war Newtons zweites Hauptwerk. Es wird zu den bedeutendsten Werken der Wissenschaftsgeschichte gezählt.

Der .....*Reflexionswinkel*..... α_R ist stets gleich gross wie der ...*Einfallswinkel*... α_E.

Der einfallende Strahl, das Lot auf der Körperoberfläche und der reflektierte Strahl liegen stets in einer ...*Ebene*... .

Aufgabe 23: Die Skizze zeigt die Konstruktion eines Periskops. Periskope werden unter anderem in U-Booten verwendet, um unterhalb des Wassers die Umgebung oberhalb der Wasseroberfläche zu beobachten. Ist das Bild, das man durch ein Periskop sieht, aufrecht oder steht es auf dem Kopf?

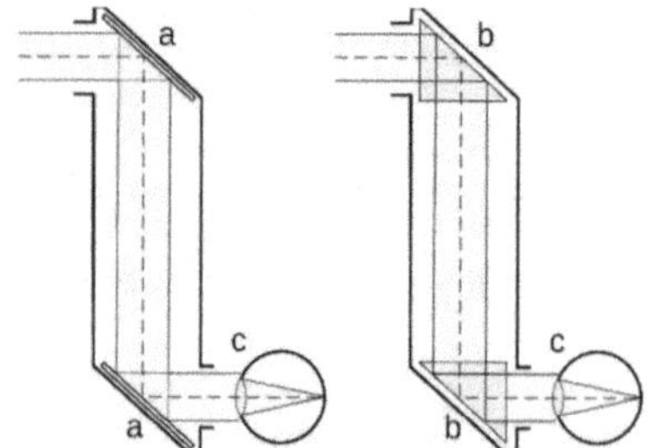

Aufgabe 24: Mit einem Spiegel, den man auf den Boden legt, kann man die Höhe von Objekten bestimmen. Dieses Prinzip ist auf dem Titelblatt zur Vermessung eines Baums dargestellt (Abb. 28, etwas unterhalb der Mitte des Bildes). Du hast einen besonders grossen Baum entdeckt und möchtest wissen, wie hoch er ist. Dazu legst Du einen kleinen Spiegel im Abstand von 40 m vom Baum auf den Boden. Dann entfernst Du Dich vom Spiegel, bis Du genau die Spitze des Baumes im Spiegel sehen kannst. Du bist nun 2 m vom Spiegel entfernt und deine Augen befinden sich 1.6 m über dem Boden. Wie hoch ist der Baum?

Aufgabe 25: Ein Beobachter sieht ein Objekt in einem Spiegel. Zeichne, wo das Objekt für den Beobachter erscheint (virtuelles Bild) und den Strahlengang vom Objekt bis zum Auge des Beobachters. Hinweis: Erinnerst Du dich an die Spiegelung in der Mathematik?

Lampe

Spiegel

Auge

Aufgabe 26: Dieser Fotograf macht ein Bild von einer Tanne in einem Spiegel. Wähle mindestens vier wichtige Punkte der Tanne aus und konstruiere den Strahlengang von der Tanne zum Fotoapparat sowie das virtuelle Bild der Tanne.

Unser Gehirn geht davon aus, dass ein Lichtstrahl, welcher das Auge trifft, auf seinem Weg vom Gegenstand zum Auge keine Richtungsänderung erfahren hat. Der Strahlenbündel vom realen Baum (links) sieht nach der Umlenkung am Spiegel genau gleich aus wie der Strahlenbündel, der von einem Baum rechts ausginge. Das Bild vom Baum rechts entsteht in unserem Hirn. Solche Bilder werden **virtuelle Bilder** genannt.

Aufgabe 27: Eine Person möchte in ihrem Schlafzimmer einen Spiegel an die Wand hängen, in dem sie sich vom Scheitel bis zur Sohle sehen kann. Die Person ist 1.80 m gross und ihre Augen befinden sich 1.64 m über dem Boden. Beim Betrachten des Bildes steht sie 1.2 m vom Spiegel entfernt. Wie gross muss der Spiegel mindestens sein und wie hoch muss der Spiegel über dem Boden aufgehängt werden? Löse das Problem mit Hilfe einer massstäblichen Zeichnung. Löse die Aufgabe auch rechnerisch. Wie muss die Grösse des Spiegels verändert werden, wenn die Person näher oder weiter entfernt vom Spiegel stehen soll?

Aufgabe 28: Untenstehend ist ein Auto mit dem Kopf eines Fahrers skizzenhaft dargestellt.

a) Konstruiere den Bereich, der mithilfe des linken Aussenspiegels einsehbar ist. Zur Vereinfachung nehmen wir an, dass sich das Auge in der Mitte des Kopfes befindet (rot-schwarzer Punkt).

b) Welcher Bereich kann zusätzlich mit dem Schulterblick eingesehen werden? Beim Schulterblick dreht der Fahrer den Kopf und schaut durch das linke, vordere Seitenfenster. Er sieht also bis zur Mittelsäule durch das seitliche Fenster. Wir nehmen an, dass sich das Auge beim Drehen des Kopfes weiterhin in der Mitte des Kopfes befindet.

c) Überlege dir, welche weiteren Bereiche für den Fahrer mithilfe des rechten Aussenspiegels und des rechten Schulterblicks einsehbar sind.

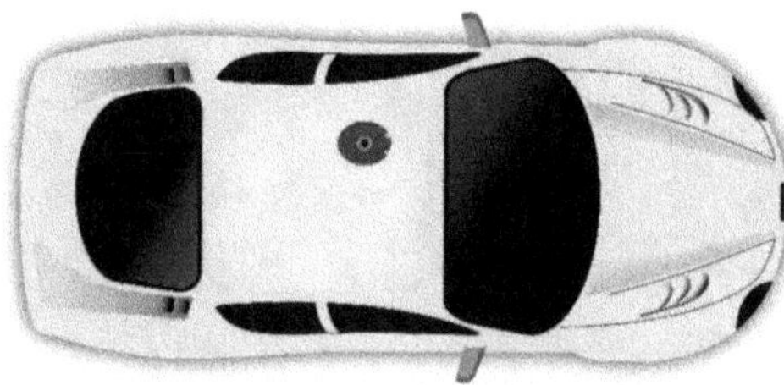

★ d) Der Innenrückspiegel ermöglicht den Blick durch das Heckfenster in den Raum hinter dem Fahrzeug. Wie gross muss der Innenrückspiegel sein, damit der gesamte durch das Heckfenster einsehbare Bereich im Spiegel sichtbar ist? Der Innenrückspiegel befindet sich in der grün eingezeichneten Ebene (Linie).

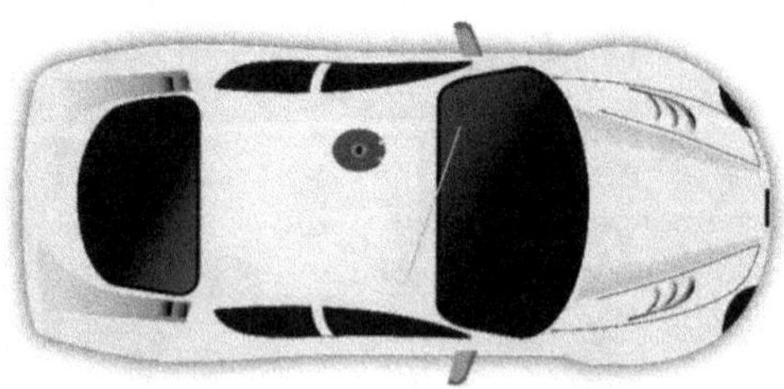

Streuung (diffuse Reflexion)

Aufgabe 29: Ein paralleler Lichtstrahl fällt auf eine raue, jedoch reflektierende Oberfläche. Die Struktur der Oberfläche ist sehr stark vergrössert gezeichnet. Zeichne die Lichtstrahlen nach der Reflexion an dieser rauen Oberfläche ein.

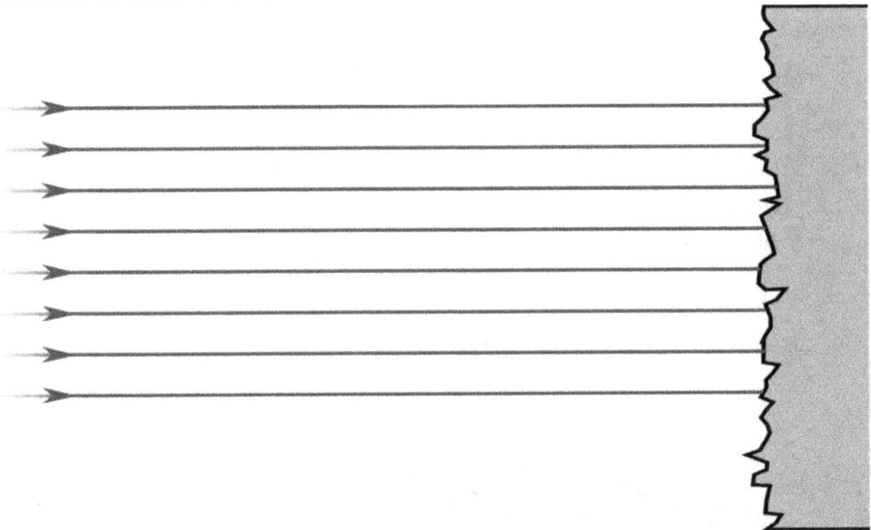

Trifft ein Lichtstrahl auf eine raue, unebene Oberfläche, so wird er gemäss dem Reflexionsgesetz in verschiedenen Richtungen zurückreflektiert. Diese Art von ungerichteter *(diffuser) Reflexion* nennen wir ...... *Streuung* ....

Oberflächen können auch **absorbieren** (lat.: absorptio = Aufsaugung), d.h. das Licht abschwächen oder sie können auch **emittieren** (lat.: emittere = aussenden), d.h. Licht aussenden.

Aufgabe 30: Suche Beispiele für Oberflächen, a) die (gerichtet) spiegeln, b) die streuen, c) die stark absorbieren, d) die schwach absorbieren und e) für Oberflächen, die emittieren.

Aufgabe 31: Nachts bei Regen ist das Autofahren besonders unangenehm, weil die Scheinwerfer des eigenen Autos die Fahrbahn nur schlecht ausleuchten. Gleichzeitig blenden die Scheinwerfer der entgegenkommenden Fahrzeuge sehr stark. Erkläre diesen Sachverhalt.

Aufgabe 32: Ein Lichtstrahl ist unsichtbar, solange er nicht direkt ins Auge trifft. Wie kann man Lichtstrahlen sichtbar machen?

Aufgabe 33: Das Bild zeigt ein Tarnkappenflugzeug. Solche Flugzeuge sind so gebaut, dass sie durch spezielle Oberflächenkonstruktionen für Radaranlagen möglichst unsichtbar bleiben. Wie funktioniert das?

Aufgabe 34: In der Abbildung ist ein Spiegel zu sehen, der aus mehreren Teilen besteht, die jeweils einen Winkel von 90° zueinander bilden. Ein Lichtstrahl trifft auf einen der Teilspiegel. Konstruiere den Gang dieses Strahles. Zeichne ausserdem einige weitere Lichtstrahlen ein, die aus verschiedenen Richtungen auf den Spiegel treffen. Diese Konstruktion zeigt das Funktionsprinzip von sogenannten Retroreflektoren.

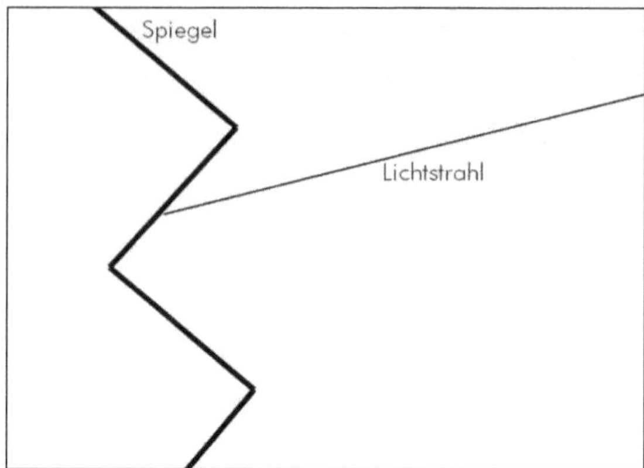

Ein Retroreflektor ist eine Vorrichtung, die Licht weitgehend unabhängig von der Einfallsrichtung grossteils in die Richtung reflektiert, aus der es .... gekommen ...... ist.

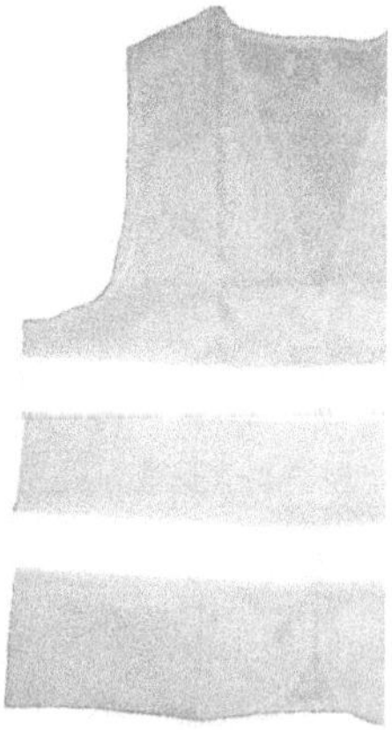

4. Brechung

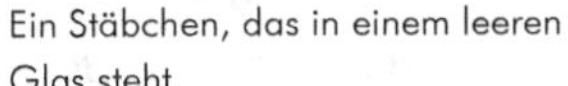

Ein Stäbchen, das in einem leeren Glas steht.

Nach dem Zufüllen von Wasser erscheint der Stab etwas abgeknickt.

Vergleich der zwei Bilder (Überlagerung).

Wenn ein Lichtstrahl von einem durchsichtigen Medium in ein anderes übertritt, so ändert er seine Richtung. An der Grenzfläche wird der Strahl geknickt; man spricht von ...Brechung... .

In der Figur ist ein Strahl eingezeichnet, der auf die Grenzfläche zwischen zwei optischen Medien trifft. Mit einem einfachen Experiment stellen wir fest, wie sich der Strahl am Übergang zwischen zwei Medien verhält:

Beim Übergang von einem dünnen in ein dichtes Medium wird der Strahl ...zum... Lot... ...hin... gebrochen.

Beim Übergang von einem dünnen in ein dichtes Medium wird der Strahl ...vom... Lot... ...weg.. gebrochen.

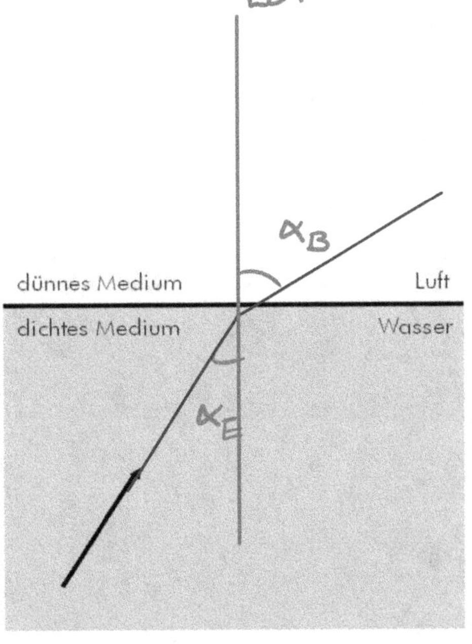

Das Brechungsgesetz

Der ..... **Brechungswinkel** α_B hängt vom

..... **Einfallswinkel** ..... α_E und den

..... **Materialien** ..... am Übergang ab.

Der einfallende Strahl, das Lot auf der Körperoberfläche und

der gebrochene Strahl liegen stets in einer .... **Ebene** ..... .

Ptolemäus (* 100; † 170) entdeckte eine Beziehung zwischen dem Einfalls- und dem Brechungswinkel des Lichts. Sein lineares Gesetz war jedoch nur für kleine Winkel genau. Ptolemäus war dennoch überzeugt, ein präzises empirisches Gesetz gefunden zu haben, was teilweise darauf zurückzuführen war, dass er seine Daten leicht an seine Theorie angepasst hatte. Das korrekte Gesetz wurde erstmals von Ibn Sahl (um 950 in Bagdad) formuliert und in der westlichen Welt während der Renaissance von dem niederländischen Physiker Snell (* 1580; † 1626 in Leiden) wiederentdeckt.

Für den Einfallswinkel α_E und den Brechungswinkel α_B am Übergang zweier Medien gilt:

$$\frac{\sin(\alpha_E)}{\sin(\alpha_B)} = \frac{n_B}{n_E}$$

wobei n_E und n_B die .. **Brechungsindizes** .. der Medien sind.

Optisch dichte Medien haben im Vergleich zu optisch dünnen Medien einen .... Brechungsindex.

Material	Index n
Vakuum	1
Luft	1.000272
Plexiglas	1.49
Diamant	2.42
Wasser	1.33
Eis	1.31
Kronglas BK 7	1.516
Flintglas SF 2	1.922

Mit dem Brechungsgesetz verstehen wir nun, weshalb der Stab geknickt erscheint.

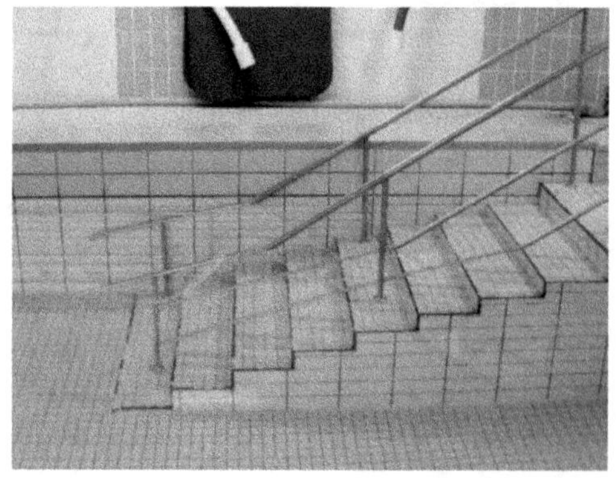

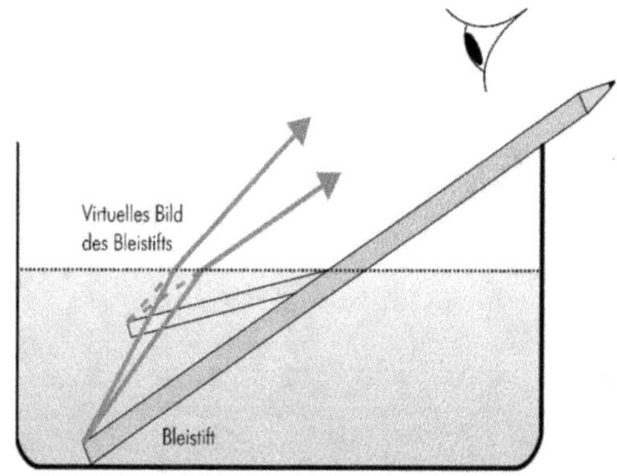

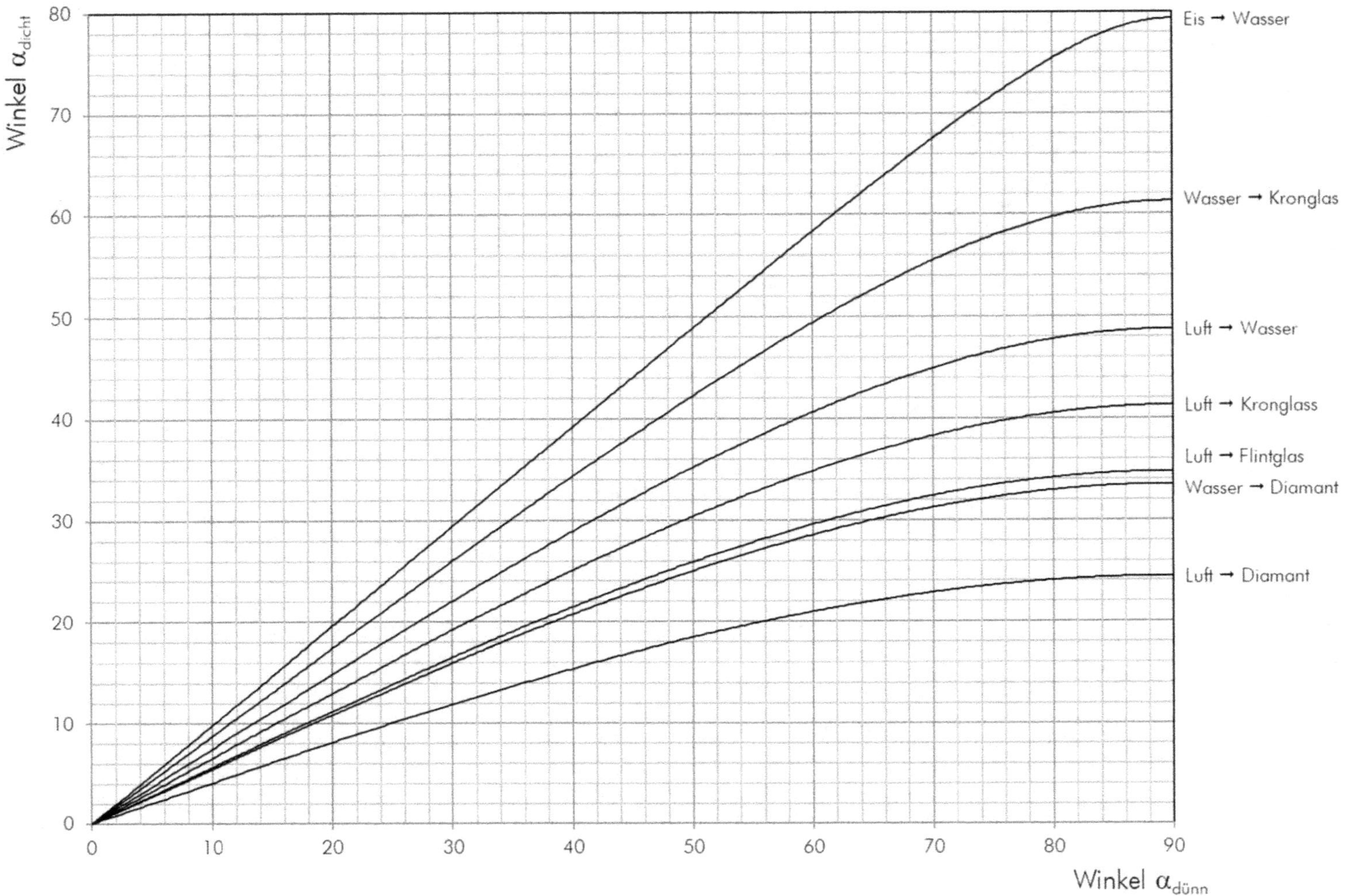

Winkel α_{dicht}
Eis → Wasser
Wasser → Kronglas
Luft → Wasser
Luft → Kronglass
Luft → Flintglas
Wasser → Diamant
Luft → Diamant
Winkel $\alpha_{dünn}$

Aufgabe 35: Eiswürfel sind unter Wasser deutlich schlechter zu sehen als oberhalb. Warum ist dies so?

Aufgabe 36: Bei welchen dieser Abbildungen ist der Strahlengang durch die Glasplatte qualitativ richtig gezeichnet?

a)

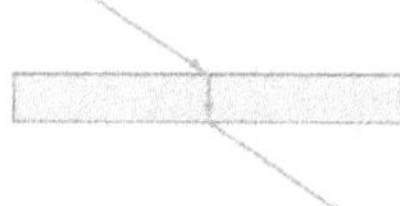

b)

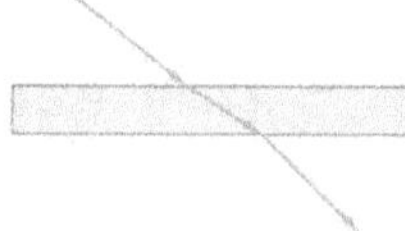

c)

d)

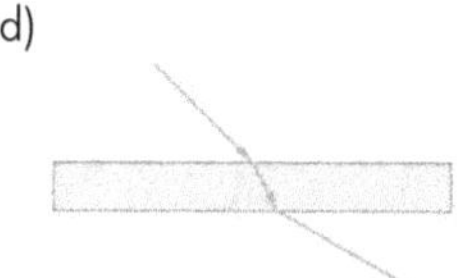

Aufgabe 37: Übergang eines Strahls vom dichter ins dünnere Medium und umgekehrt:

a) Berechne den Brechungswinkel, wenn ein Lichtstrahl unter 30° von Luft auf Wasser fällt.

b) Berechne den Brechungswinkel, wenn umgekehrt ein Lichtstrahl von Wasser nach Luft übertritt und der Einfallswinkel 22° beträgt.

Ganz allgemein gilt: Der Strahlengang ist ....**umkehrbar**......; d.h. bei Umkehrung der Richtung eines Strahls ändert sich der Pfad nicht.

Aufgabe 38: Ein quaderförmiges Gefäss aus poliertem Blech ist mit Wasser gefüllt. Skizziere den weiteren Verlauf des Lichtstrahls. Hier musst Du nicht rechnen. Man kann die Richtung der Strahlen mit Hilfe der Häuschen ablesen.

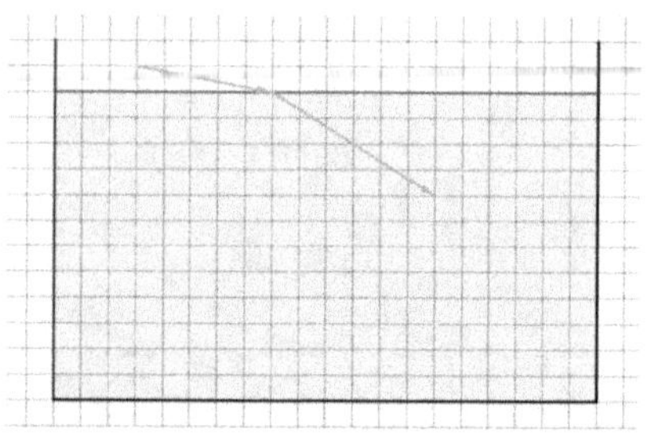

Aufgabe 39: Ein Lichtstrahl trifft aus der Luft unter einem Winkel von 65° auf die Oberfläche eines Diamanten. Wie gross ist der Brechungswinkel?

Aufgabe 40: Ein Lichtstrahl trifft aus der Luft auf einen Diamanten.

a) Berechne den Brechungswinkel des Lichtstrahls, wenn der Einfallswinkel 20° beträgt.

b) Bestimme den Brechungswinkel, wenn der Lichtstrahl senkrecht (d.h. unter einem Einfallswinkel von 0°) auf die Oberfläche des Diamanten trifft.

c) Berechne den Brechungswinkel, wenn ein Lichtstrahl umgekehrt mit einem Einfallswinkel von 15° aus dem Diamanten in die Luft übertritt.

Aufgabe 41: Ein Lichtstrahl trifft unter einem Winkel von 60° zum Lot auf eine Fensterscheibe (Kronglas).

a) Wie gross ist der Winkel des Lichtstrahls zum Lot in der Scheibe?

b) Unter welchem Winkel zum Lot verlässt der Strahl die Fensterscheibe?

★ c) Wie gross ist der Strahlversatz?

Reflexion und Brechung

Beim Übergang eines Lichtstrahls von einem Medium in ein anderes teilt sich der Strahl im Allgemeinen in zwei Strahlen:

einen ....*gebrochenen*...... Strahl, der in das zweite Medium eindringt, und

einen .*reflektierten*... Strahl, der im ersten Medium zurückgeworfen wird.

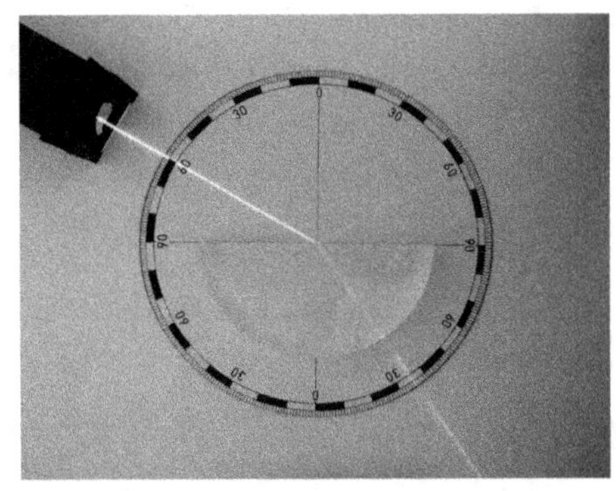

Aufgabe 42: Berechne den Brechungsindex des Materials in der Abbildung oben rechts.

Aufgabe 43: Ein Lichtstrahl trifft aus der Luft auf eine Wasseroberfläche. Berechne den Brechungswinkel für diese Einfallswinkel: 30°, 60° und 90°.

Aufgabe 44: Nun tritt der Lichtstrahl von Wasser in die Luft über, also vom dichteren Medium in das dünnere. Berechne den Brechungswinkel für die folgenden Einfallswinkel: 10°, 20°, 30°, 40°, 45°, 50°. Zeichne die entsprechenden Strahlen in die nebenstehende Skizze ein.

Beim Übergang von einem ..*dichten*.. in ein ...*dünnes*.... Medium wird für grosse Einfallswinkel kein Licht gebrochen. Es wir alles Licht reflektiert (*Totalreflexion*). Totalreflexion tritt auf, wenn der Brechungswinkel grösser als 90° würde. Wir finden für den **Grenzwinkel** α_G der Totalreflexion also:

$$\sin(\alpha_G) = \frac{n_B}{n_E}$$

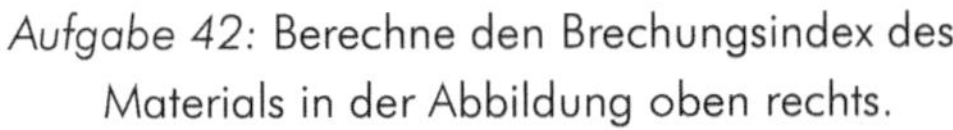

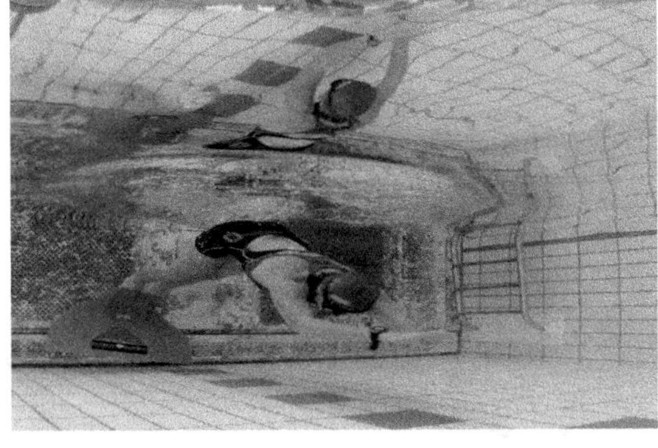

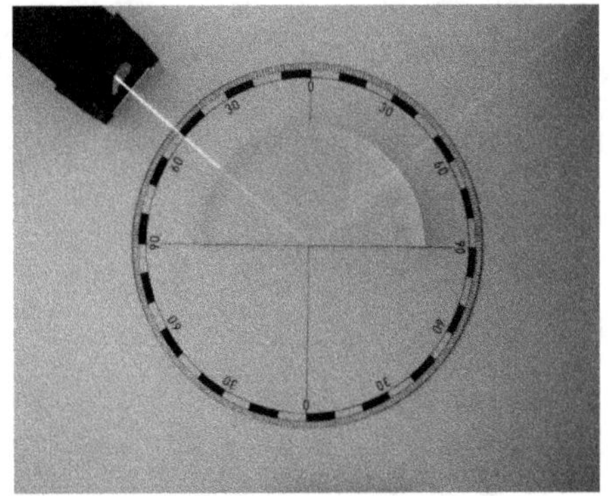

Aufgabe 45: Wie gross ist der Grenzwinkel für Totalreflexion beim Übergang Wasser-Luft? Wie gross
ist er für den Übergang Diamant-Luft?

Aufgabe 46: Eine Taucherin schaut unter Wasser
nach oben gegen den Himmel. Weshalb sieht
sie nicht den ganzen Himmel, sondern ist das
Wasser nur in einem kreisförmigen Bereich
durchsichtig?

Aufgabe 47: Ein Prisma ist ein sehr wichtiges optisches Bauelement. Mit Prismen werden zum
Beispiel bei Fotoapparaten und Feldstechern die Lichtstrahlen umgelenkt. Die hier gezeich-
neten Prismen sind aus dem Jenaer Glas BK 7 (Kronglas). Zeichne den Strahlengang durch
das Prisma in den Figuren ein.

a) Eintritt mit dem Lot
   (60°-Prisma, d.h. alle Winkel am Prisma sind 60°)

b) Eintritt mit dem Lot
   (90°-Prisma, d.h. ein Winkel 90°, die anderen 45°)

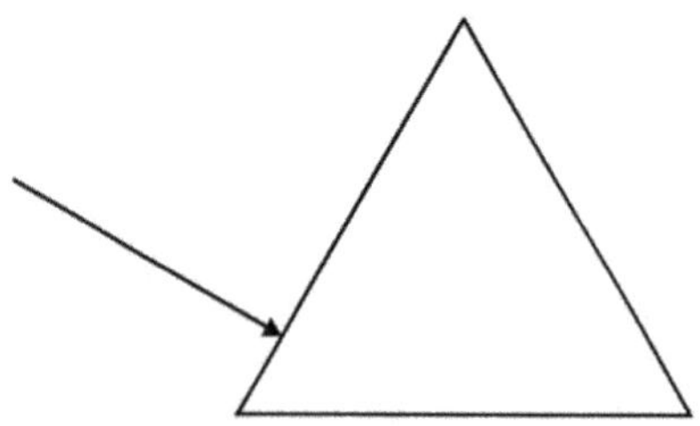

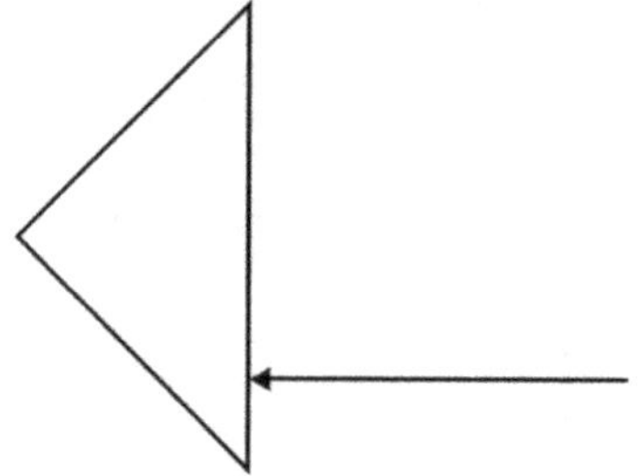

c) Eintritt mit dem Lot
   (90°-Prisma, d.h. ein Winkel 90°, die anderen 45°)

d) Eintritt unter 30° zum Lot (nur qualitativ skizzieren.)
   (60°-Prisma, d.h. alle Winkel am Prisma sind 60°)

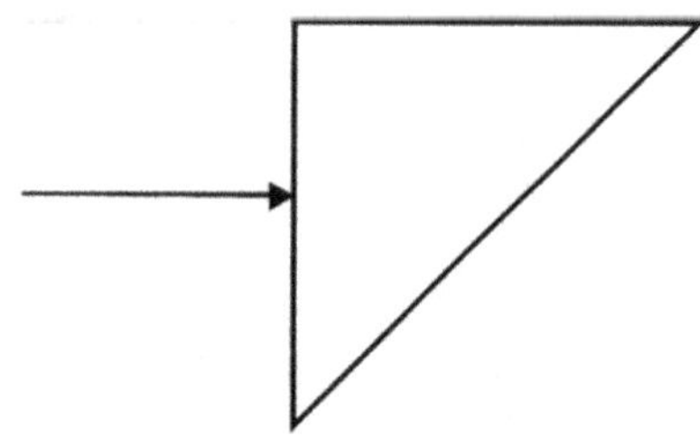

★ *Aufgabe 48:* Berechne bei der vorhergehenden Teilaufgabe d) alle Winkel entlang des Strahls.
Unter welchem Winkel verlässt der Strahl das Prisma?

Aufgabe 49: Ein Brillant (aus französisch
brillant ‚glänzend', ‚strahlend') ist ein
Diamant mit einem speziellen Schliff.
Weshalb glänzen Diamanten besonders stark? Weshalb wird ein Schliff
mit einer Tafel, vielen Facetten und
einem Winkel von 90° gewählt?

Aufgabe 50: Glasfasern werden für die Datenübermittlung verwendet. Sie können mehrere Kilometer lang sein. In ihnen werden optische Signale (d.h. Signale in Form von Licht) übermittelt. Eine Glasfaser besteht aus einem Kern (engl. core). Dieser Kern ist von einem Mantel umgeben (engl. cladding). Typische Durchmesser des Kerns sind 5 µm bis 100 µm (1 µm = ein tausendstel Millimeter). Die beiden Materialien von Kern und Mantel verhalten sich, was die Brechung anbelangt, etwa wie Wasser (Kern) und Eis (Mantel). Das Licht im Inneren der Faser trifft also auf einen Übergang aus einem dichten in ein dünnes Medium. Es kann demnach total reflektiert werden. So wird das Licht in der Faser geführt (blauer Strahl). Es wird jedoch nicht alles Licht, das in die Faser eintritt, in der Faser geführt. Für einige Lichtstrahlen ist der Winkel ungeeignet und es tritt keine Totalreflexion auf (roter Strahl).

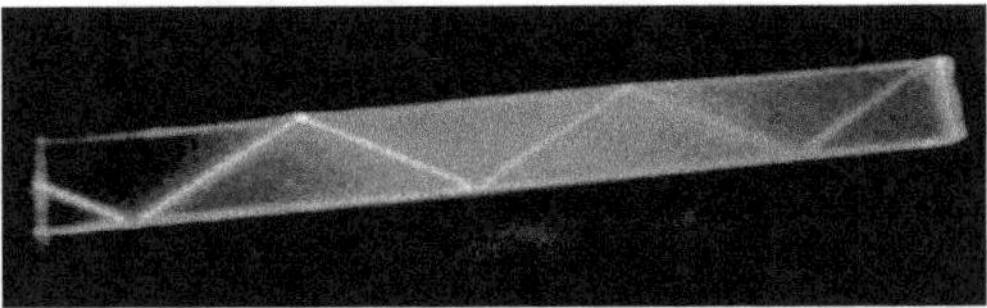

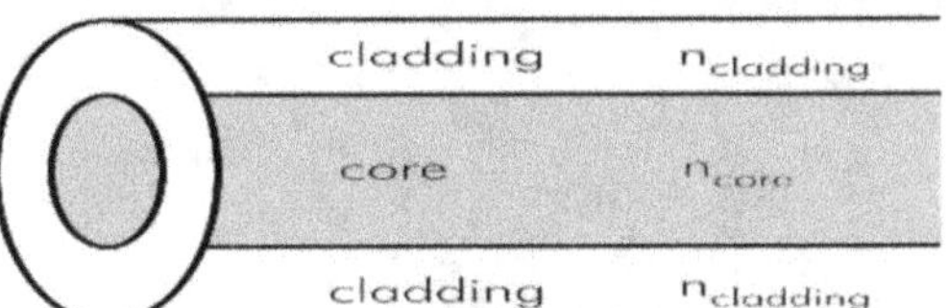

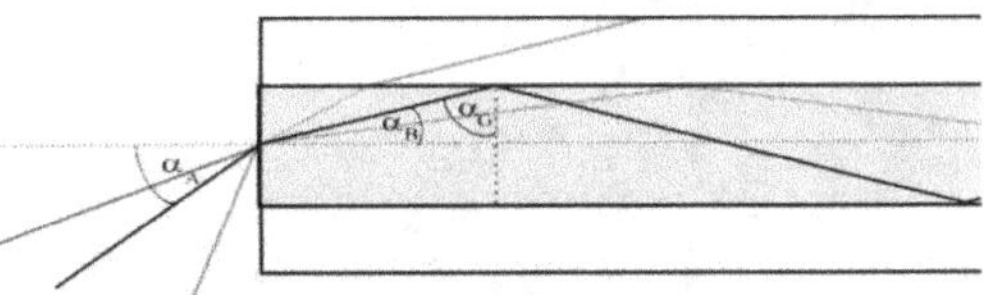

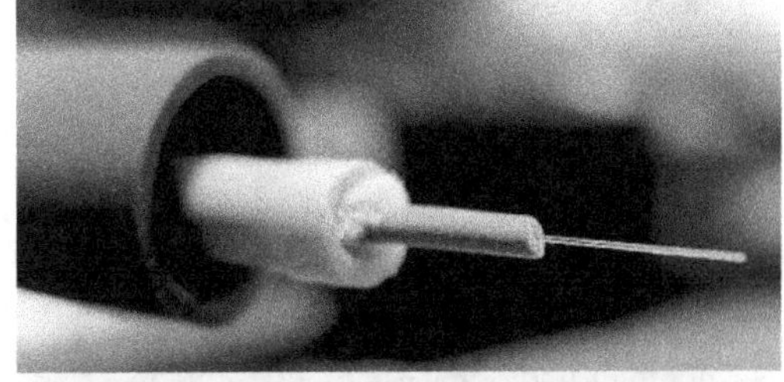

a) Welches ist der Grenzwinkel α_G für Totalreflexion in einer Glasfaser?

b) Unter welchem Winkel α_A muss das Licht in die Faser eintreten, damit es gerade noch geführt wird?

In optischen Datenkabeln wird jede Faser mit einem Schutzmantel umgeben. Viele solcher Fasern werden gebündelt und nochmals mit einer Schutzhülle umgeben. In solchen Glasfaserkabeln können enorme Datenmengen transportiert werden.

Porro-Prisma

Doppel-Porro-Prisma

Dachpentaprisma

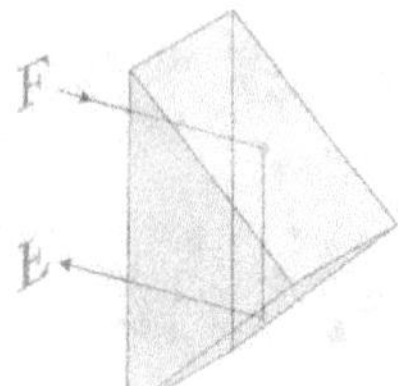

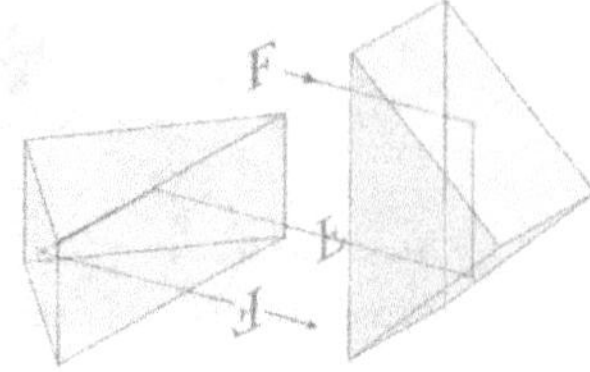
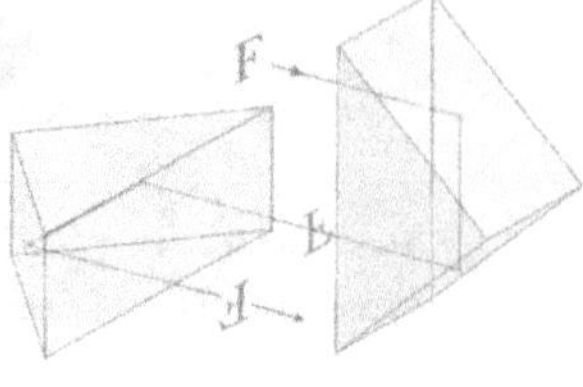

Reflexions- bzw.
Umkehrprisma

Strahlversatz bei Feldstechern

Sucher von Spiegel-
reflexkameras

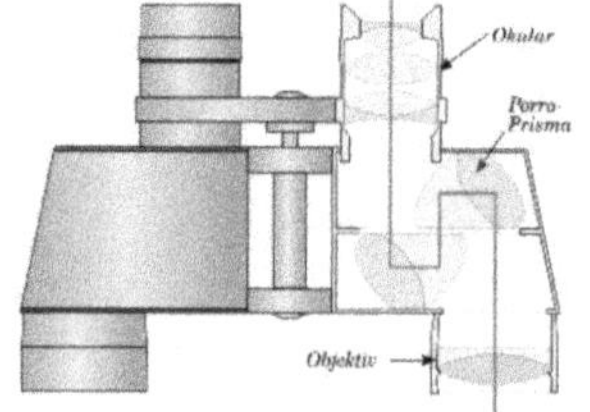

Fata Morgana

Eine Fata Morgana ist ein optischer Effekt, der durch die Ablenkung des Lichts an Luftschichten unterschiedlicher Temperatur und damit auch unterschiedlicher Dichte entsteht. Bei einer (unteren) Fata Morgana nimmt die Luftdichte mit der Höhe zu: Über einer heissen Strasse oder in der Wüste ist die Luft nahe dem

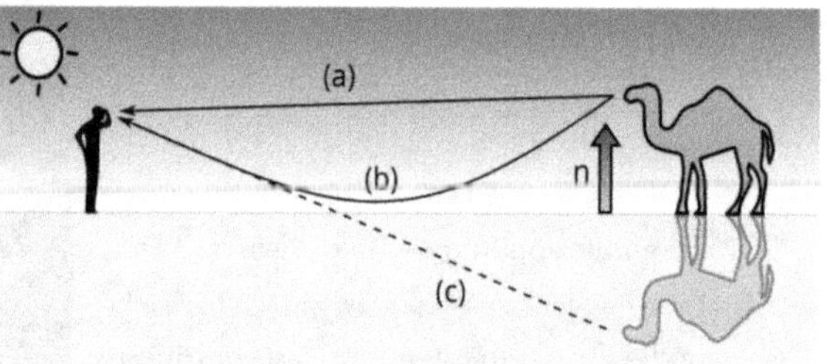

Boden wärmer und somit weniger dicht als in grösseren Höhen. Die kontinuierliche Änderung des Brechungsindex n bewirkt eine Krümmung (b) der Lichtstrahlen. Dies führt dazu, dass ein virtuelles Bild (Spiegelbild) wahrgenommen werden kann (c).

5. Abbildende Systeme

Konvexe und konkave Spiegel

Aufgabe 51: Diese Abbildung zeigt einen **konkaven Spiegel** (lat.: concavus = ausgehöhlt, einwärts gewölbt). Der kleine Punkt ist kein realer Gegenstand, sondern stellt das Zentrum des Kreises dar. Konstruiere den Gang der eingezeichneten Strahlen an diesem Spiegel.

Aufgabe 52: Hier ist ein **konvexer Spiegel** (lat.: convexus gewölbt, gerundet) abgebildet. Konstruiere den Gang der eingezeichneten Strahlen.

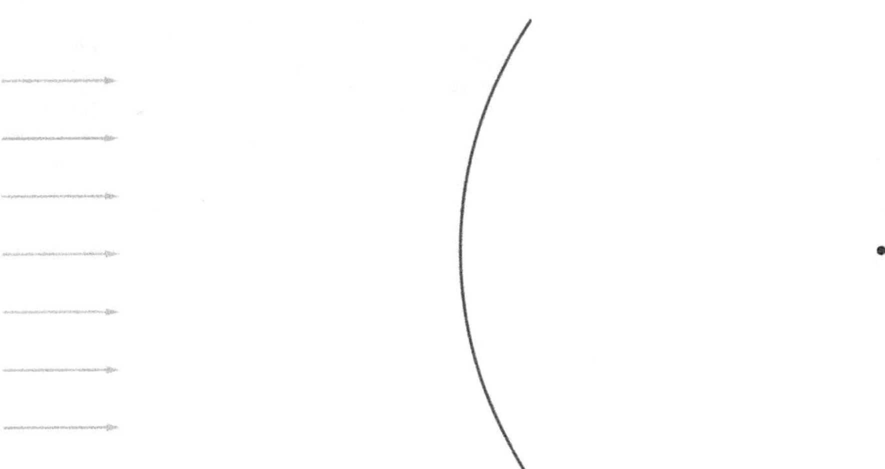

Achsenparallele Strahlen werden durch einen *konkaven Spiegel* ...*gebündelt*...
Dabei gehen alle reflektierten Strahlen durch denselben ...*Punkt*...,
den ...*Brennpunkt*... F oder ...*Fokus*... F.
Der Abstand des ...*Brennpunkts*... vom Spiegel heisst ...*Brennweite*... f.

Achsenparallele Strahlen werden durch einen *konvexen Spiegel* ...*zerstreut*... .
Die Verlängerungen der reflektierten Strahlen gegen hinten laufen durch denselben Punkt. Auch

wenn die Lichtstrahlen nicht durch diesen Punkt gehen, so nennen wir diesen Punkt dennoch auch

...*Brennpunkt*... F und sein Abstand vom Spiegel ...*Brennweite*... f.

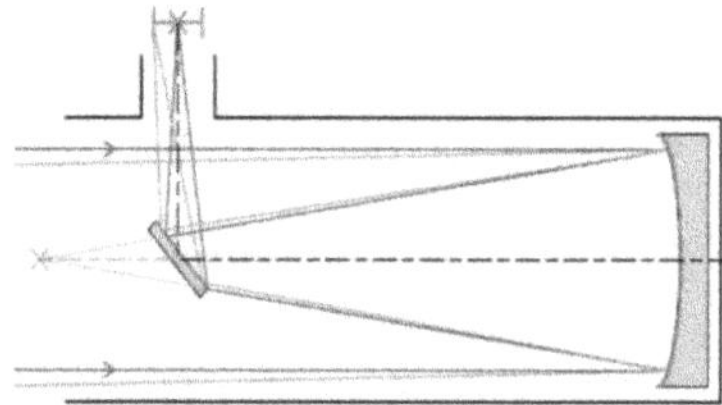

Im Newton-Fernrohr wird ein konkaver Spiegel
eingesetzt, um das (fast) parallele Licht der
Sterne in einem Punkt zu bündeln.

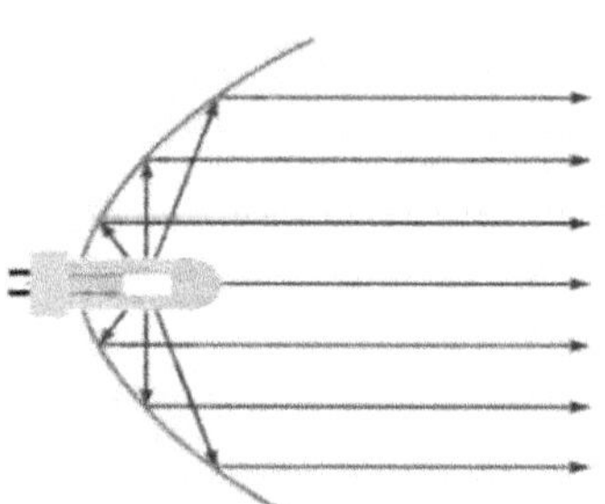

Ein Hohlspiegel sammelt alle achsen-paralle-
len Strahlen in einem Punkt. Umgekehrt
werden also alle Strahlen, die vom Brennpunkt ausgehen, zu einem achsenparallelen
Lichtbündel. Dies wird bei Scheinwerfern
eingesetzt.

Auch der Parabolspiegel (hier
eine Radioteleskop) setzt einen
konkaven Spiegel ein.

Kosmetikspiegel ermöglichen
eine vergrösserte Betrachtung
beim Schminken oder Rasieren.

Solarkraftwerk in der Mojave
Desert (California).

Ein konvexer Spiegel in einem
Supermarkt.

Konvexe und konkave Linsen

Als Linsen bezeichnet man in der Optik transparente Scheiben, von deren zwei Oberflächen wenigstens eine – meistens sphärisch – gekrümmt ist. Durchgehendes Licht wird an den Oberflächen beim Eintritt in und beim Austritt aus einer Linse gebrochen. In der Regel zeichnet man nicht physikalisch korrekt die Brechungen an beiden Grenzflächen, sondern nur eine Brechung an der sogenannten Hauptebene der Linse.

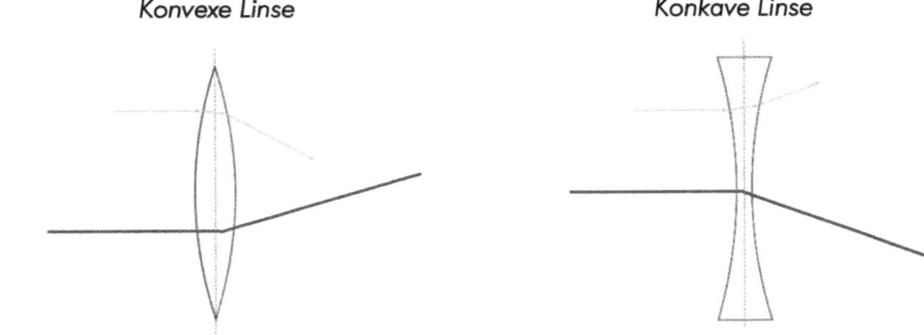

Konvexe **Linsen** sind in der Mitte ..*dicker*.. als am Rand. Konvexe Linsen sind

..*Sammellinsen*.. . Die achsenparallelen Strahlen schneiden sich alle

im ..*Brennpunkt*.. F. Der Abstand vom Brennpunkt zur Linse heisst

..*Brennweite*.. f.

Aufgabe 53: Diese Abbildung zeigt eine **konvexe Linse**. Konstruiere den Strahlengang an dieser Linse für alle eingezeichneten Strahlen.

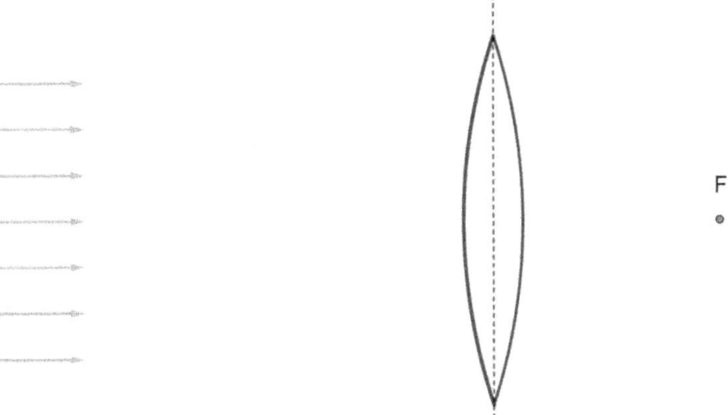

Warnung: Der Brennpunkt von Sammellinsen und Hohlspiegeln trägt seinen Namen, weil mit der in ihm fokussierten Strahlung der Sonne oder von Lasern Gegenstände in Brand gesetzt werden können. Deshalb darf niemals ohne spezielle Schutzfilter mit einer optischen Linse oder einem Fernrohr bzw. Fernglas in die Sonne geschaut werden!

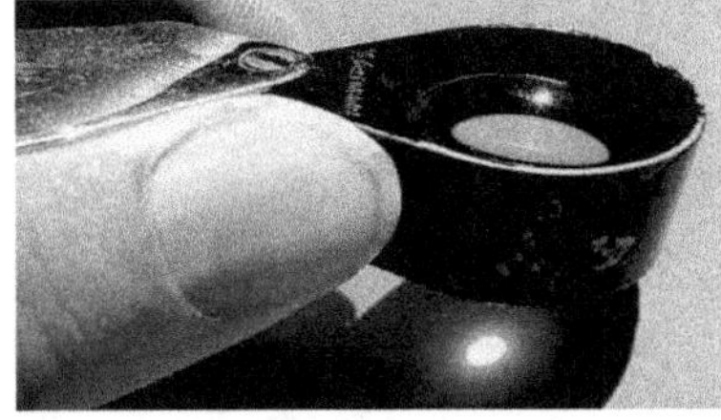

Konkave Linsen sind in der Mitte ...*dünner*... als am Rand. Achsenparallele Strahlen schneiden sich ...*nicht*... . Konkave Linsen sind ...*Zerstreuungslinsen*... . Wenn wir die Strahlen rückwärts verlängern, so schneiden sich diese Verlängerungen im ...*Brennpunkt*... F. Die Brennweite ist ...*negativ*... .

Aufgabe 54: Diese Abbildung zeigt eine **konkave Linse**. Konstruiere den Strahlengang an dieser Linse für alle eingezeichneten Strahlen. Auch hier musst Du nur die Brechung an der Hauptebene einzeichnen.

Es gibt viel mehr Linsenformen. Sie alle sind jedoch entweder Sammel- oder Zerstreuungslinsen.

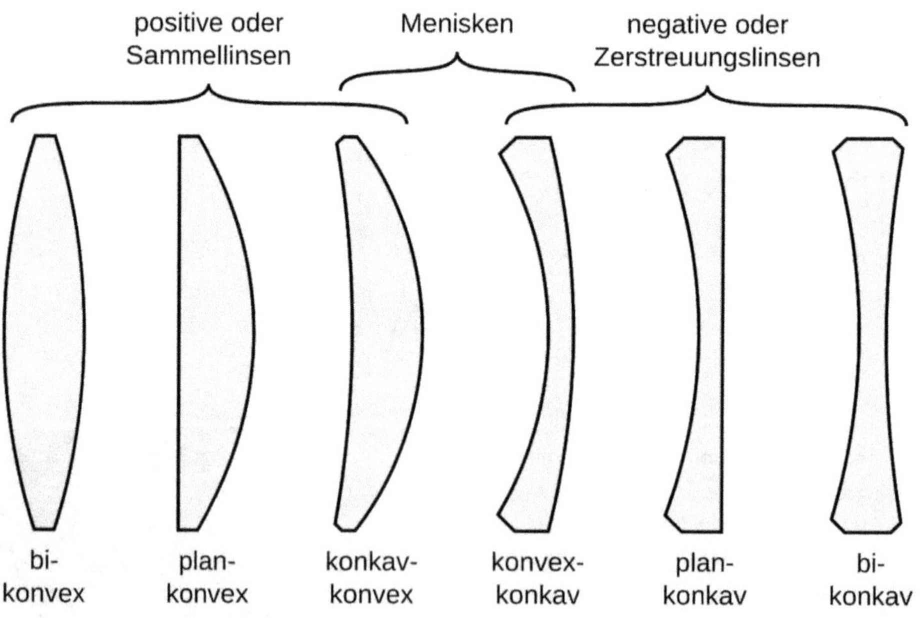

Abbildungen mit Linsen

Eine Linse kann einen Gegenstand abbilden. Das Bild eines Gegenstandes kann mit Hilfe von einigen ausgewählten Strahlen konstruiert werden. Wir zeichnen jeweils die drei sogenannten Konstruktionsstrahlen: den *Parallelstrahl*, den *Mittelpunktstrahl* und den *Brennstrahl*.

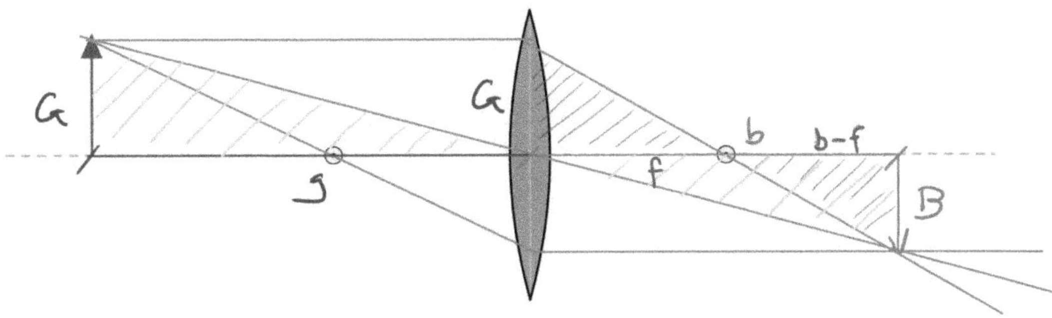

Es gelten folgende Abkürzungen:

- F: Brennpunkte
- f: Brennweiten

- g: Gegenstandsweite
- b: Bildweite

- G: Gegenstandsgrösse
- B: Bildgrösse

Durch geometrische Überlegungen mit Hilfe von ähnlichen Dreiecken finden wir folgende Formeln:

Vergrösserung
$$V = \frac{B}{G} = \frac{b}{g}$$

Linsenformel
$$\frac{1}{f} = \frac{1}{b} + \frac{1}{g}$$

Die beiden gelben Dreiecke sind ähnlich und es gilt also $\frac{B}{G} = \frac{b}{g}$.

Die beiden violetten Dreiecke sind ähnlich. Es gilt also:

$$\frac{B}{G} = \frac{b}{g} = \frac{b-f}{f}$$

$$\frac{b}{g} = \frac{b}{f} - 1 \qquad |:b$$

$$\frac{1}{g} = \frac{1}{f} - \frac{1}{b}$$

$$\frac{1}{f} = \frac{1}{b} + \frac{1}{g}$$

Aufgabe 55: Konstruiere jeweils das Bild des Gegenstandes (blauer Pfeil). Der Gegenstand wird zunehmend Richtung Linse verschoben. Was passiert dabei mit der Vergrösserung?

a) $g > 2 \cdot f$

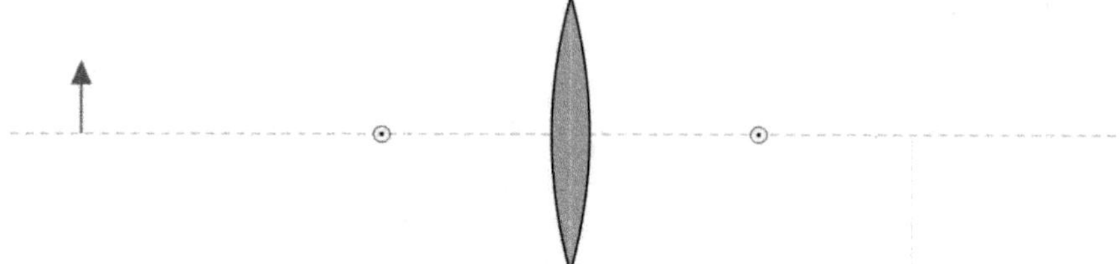

b) $g = 2 \cdot f$

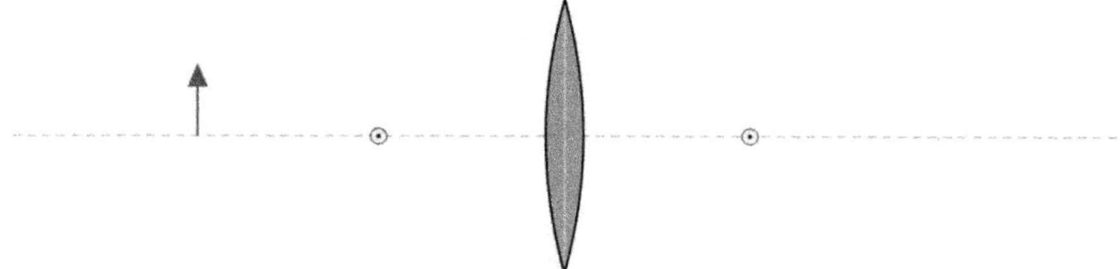

c) $f < g < 2 \cdot f$

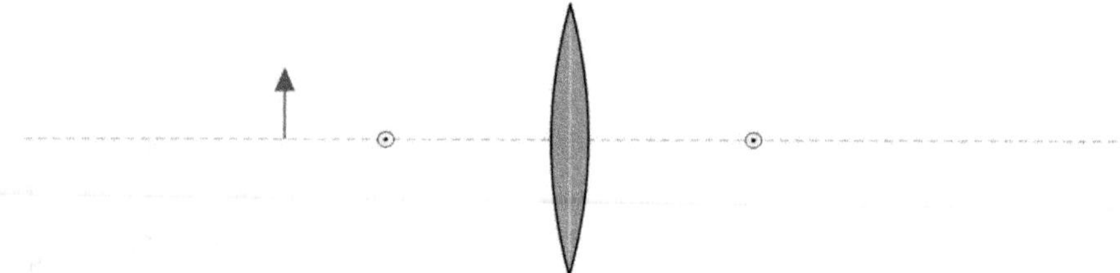

d) $g = f$

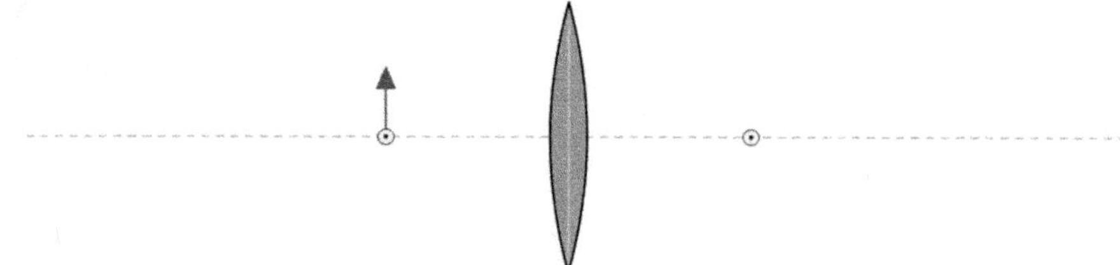

e) $g < f$

Aufgabe 56: Ein Lichtstrahl in einem Beamer trifft auf ein Microdisplay (G = 36 mm) und wird mit einer Sammellinse (f = 10 cm) auf eine Leinwand abgebildet. Das Microdisplay soll auf die Leinwand, die 2.5 m von der Linse entfernt ist, abgebildet werden.

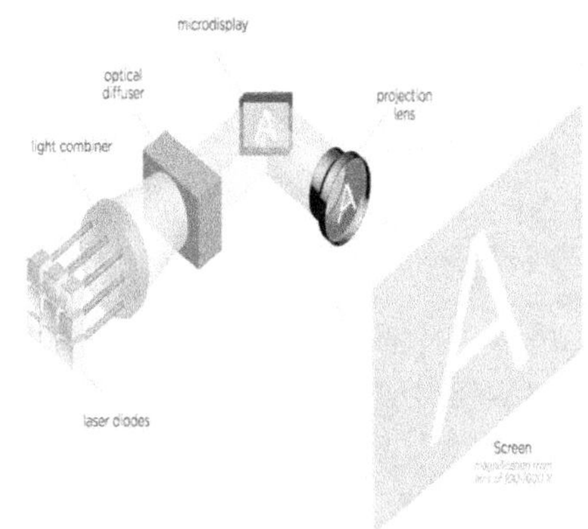

   a) Wie weit ist die Linse vom Display entfernt?

   b) Wie gross ist das Bild auf der Leinwand?

Aufgabe 57: Welche Brennweite muss die Linse eines Beamers haben, wenn das Display (36 mm) auf der Leinwand 80 cm gross werden soll? Die Leinwand ist 8.2 Meter von der Linse entfernt.

Aufgabe 58: Mit einer Kamera mit einem 50-mm Objektiv (d.h. f = 50 mm) soll ein 2 m entferntes Kind (0.9 m) fotografiert werden.

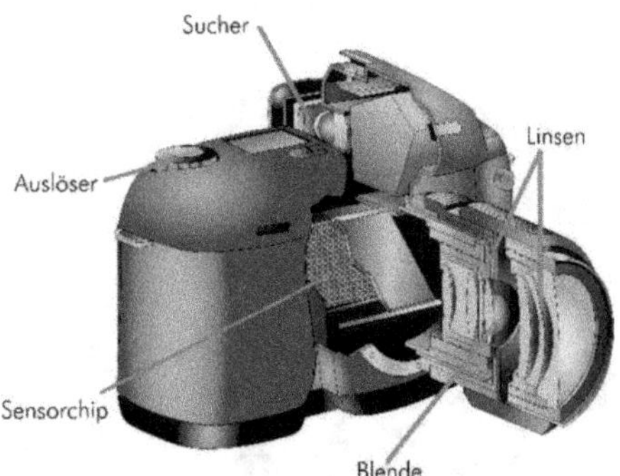

   a) Wie weit muss das Objektiv vom Chip entfernt sein?

   b) Wie gross wird das Kind auf dem Chip abgebildet?

   c) Welchen Abstand muss das Objektiv vom Chip haben, wenn der Gegenstand sehr weit (= ∞) entfernt ist?

   d) Der maximale Abstand zwischen Objektiv und Chip beträgt 50 cm. Wie nah darf ein Gegenstand höchstens sein, damit er noch scharf abgebildet wird?

Aufgabe 59: Ein vorbeifahrendes Auto wird fotografiert. Die Belichtungszeit beträgt $^1/_{30}$ s.

   a) Weshalb wird das Auto auf dem Bild verzerrt, auch wenn das restliche Bild scharf ist?

   b) Das Auto wurde auf dem Bild um 3 mm „verschmiert". Wie schnell fuhr das Auto, wenn es in einem Abstand von 15 m am Objektiv der Kamera (f = 28 mm) vorbeifuhr?

Aufgabe 60: Eine Linse mit einer Brennweite von 15 cm bildet einen Gegenstand ab. Der Abstand vom Gegenstand zum Bild beträgt 500 cm. In welcher Entfernung vom Gegenstand muss die Linse angebracht werden, damit ein scharfes Bild entsteht?

★ *Aufgabe 61:* Das Bild, das eine Sammellinse (f = 15 cm) von einem Gegenstand erzeugt, ist 80 cm näher bei der Linse als der Gegenstand selbst. Wie gross sind Bild- und Gegenstandsweite?

Fresnel-Linse

Die Fresnel-Linse wurde 1822 ursprünglich für Leuchttürme entwickelt. Sie ermöglicht die Konstruktion grosser Linsen mit kurzer Brennweite ohne das Gewicht und Volumen herkömmlicher Linsen. Die Verringerung des Volumens geschieht bei der Fresnel-Linse durch eine Aufteilung in ringförmige Bereiche. In jedem dieser Bereiche wird die Dicke verringert, sodass die Linse eine Reihe ringförmiger Stufen erhält. Da Licht nur an der Oberfläche der Linse gebrochen wird, ist der Brechungswinkel nicht von der Dicke, sondern nur vom Winkel zwischen den beiden Oberflächen einer Linse abhängig.

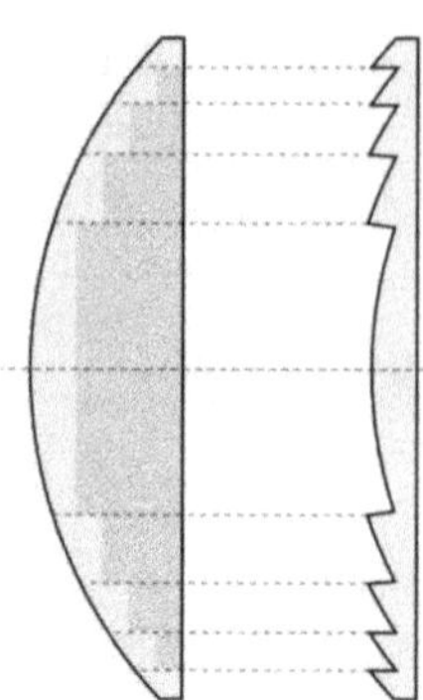

Fresnel-Linsen finden nicht nur in Leuchttürmen Verwendung, sondern auch in Lampen und Bühnenscheinwerfern, Hellraumprojektoren, einfachen Handlupen, Fahrzeugscheinwerfern und als Weitwinkellinsenfolien in Automobil-Heckscheiben (zur Einsicht in den toten Winkel) sowie bei Ladenkassen (zur Kontrolle der Einkaufswagen).

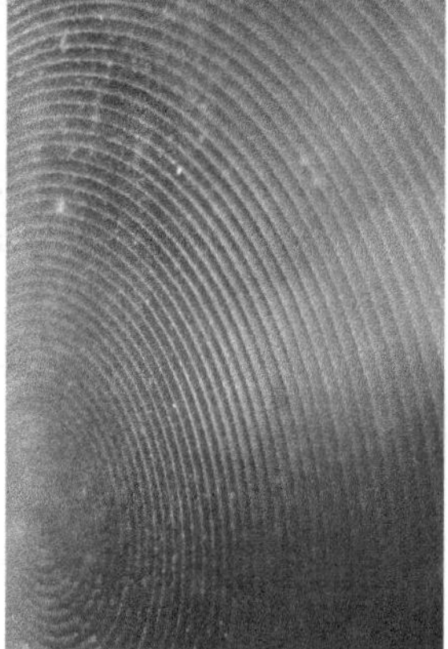
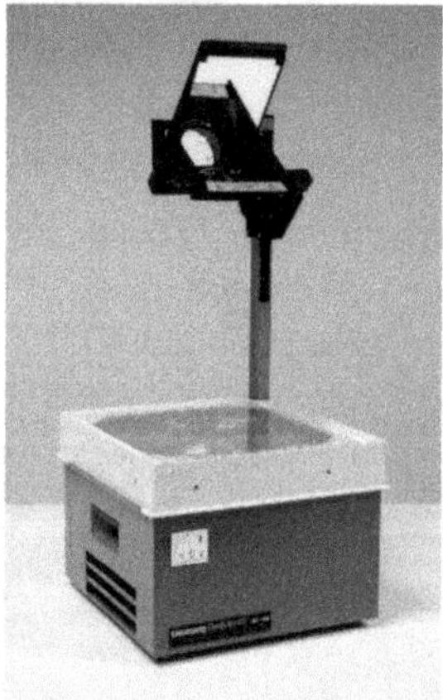

Lösungen

1. a) 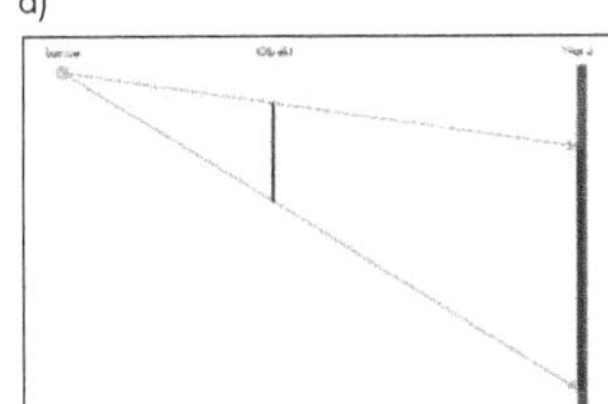 b) 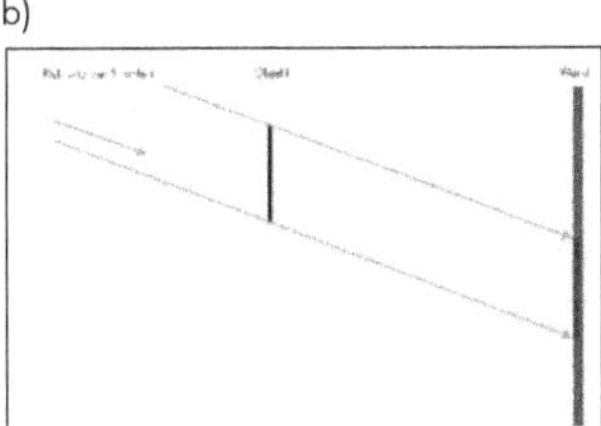 c) 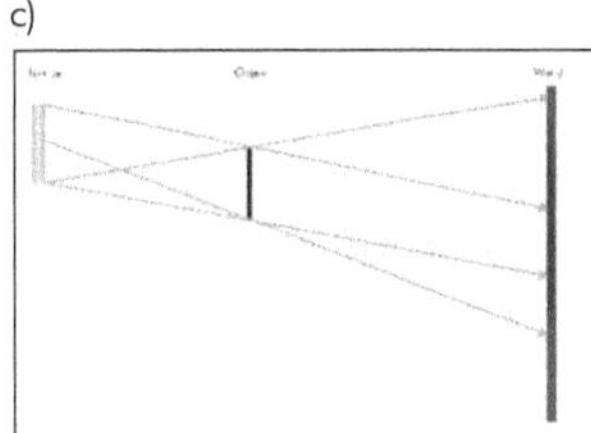

    d) Punktlichtquelle: kein Halbschatten, klare Schattengrenzen / Schatten ist grösser als das Objekt (Vergrösserung)

        Parallelbeleuchtung: kein Halbschatten, klare Schattengrenzen / Schatten ist gleich gross wie das Objekt

        Flächenstrahler: Halbschatten, verwischte Schattengrenzen / Schatten ist grösser als das Objekt (Vergrösserung)

2. Die Antwort hängt vom Standpunkt des Beobachters ab:

    Auf der Erde: als Parallelbeleuchtung.

    Für das Sonnensystem: durch eine Punktlichtquelle.

    Für eine Raumsonde in der Nähe der Sonne: durch einen Flächenstrahler.

3. Die Sonne steht am Morgen im Osten. Der Schatten ist also im Westen. Die Kamele gehen also nach Norden.

4. A ist im Kernschatten, B ist im Halbschatten, C ist nicht im Schatten.

5. Die Erde hat eine Atmosphäre, die das Sonnenlicht streut und es so in unsere Augen lenkt. Daher erscheint der Himmel hell. Auf dem Mond hingegen passiert das Licht die Mondoberfläche, ohne gestreut zu werden, und gelangt somit nicht in die Augen der Beobachter. Deshalb erscheint der Himmel dort schwarz.

6. $U = 39'375$ km   (heutiger Messwert: $U = 40'000$ km)

    $r = 6'266$ km   (heutiger Messwert: $r = 6'371$ km)

7. Die Mondphasen werden durch den Eigenschatten des Mondes verursacht.

    Dauer des Monats:

        29.5 Tage synodisch (von Neumond zu Neumond)

        27.3 Tage siderisch (von Fixstern zu Fixstern)

    Mondphasen: zu- und abnehmend

  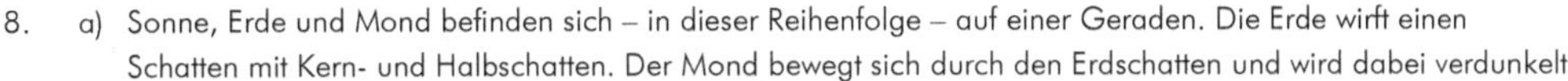

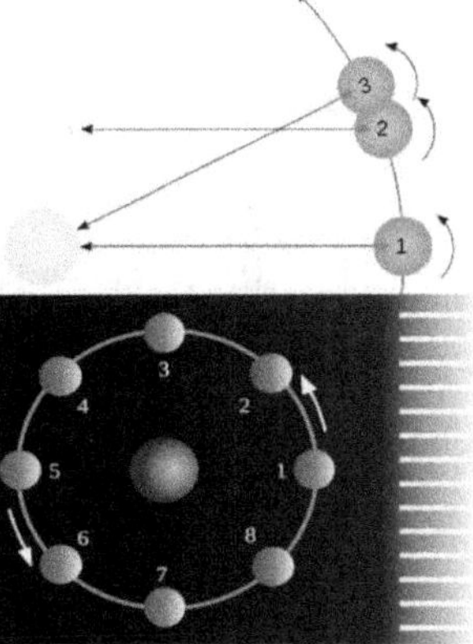

    Ereignisse: Voll-, Halb- und Neumond.

    Die Grösse des Mondes ändert sich aufgrund seiner elliptischen Umlaufbahn.

    Erstaunlicherweise zeigt uns der Mond immer (ungefähr) dieselbe Seite. Er dreht sich (fast) genauso schnell um die eigene Achse, wie er die Erde umkreist.

    Die Taumelbewegung, bekannt als Libration, führt dazu, dass mehr als 50 % der Mondoberfläche sichtbar ist.

8. a) Sonne, Erde und Mond befinden sich – in dieser Reihenfolge – auf einer Geraden. Die Erde wirft einen Schatten mit Kern- und Halbschatten. Der Mond bewegt sich durch den Erdschatten und wird dabei verdunkelt.

    b) Vollmond

9. a) Sonne, Mond und Erde befinden sich – in dieser Reihenfolge – auf einer Geraden. Der Mond wirft einen Schatten auf die Erde. Die Sonne wird dabei ‚abgedeckt' und somit verdunkelt. Die totale Sonnenfinsternis kommt zustande, wenn wir uns im Kernschatten des Monds befinden.

    b) Neumond

    c) ringförmige Sonnenfinsternis, totale Sonnenfinsternis, partielle Sonnenfinsternis.

10. Richtig sind die Antworten 1 und 3. Es handelt sich um einen zunehmenden Mond (Sichel auf Nordhalbkugel links geöffnet) und es wird in etwa 9 Tagen Vollmond sein.

11. Richtig sind die Antworten 2 und 4. Bei der Mondfinsternis schiebt sich die Erde zwischen Sonne und Mond und verdunkelt den gesamten Mond, sodass man dies überall von der Nachtseite der Erde beobachten kann.

12. Richtig sind die Antworten 2, 4 und 7.

13. Die Pfeilspitze liegt oben, d.h. das Bild ist aufrecht.

14. a) grösser als 1
    b) kleiner als 1
    c) grösser
    d) kleiner

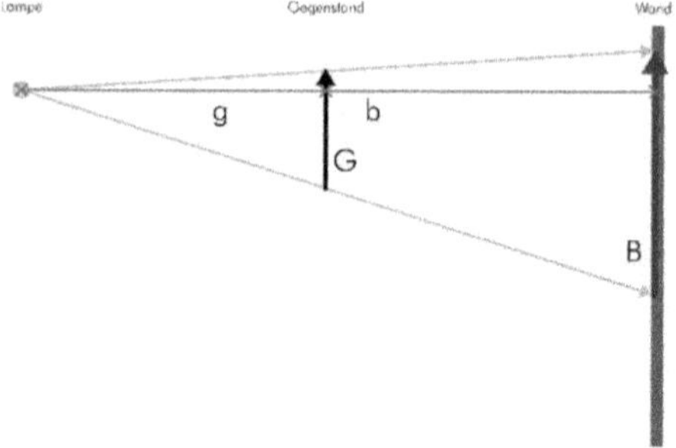

15. Die Pfeilspitze liegt unten, d.h. das Bild steht Kopf.

16. $h = 25$ m

17. $B = 32.5$ cm

18. a) Die Figur ist 140 cm von der Leinwand entfernt.
    b) Das Schattenbild steht aufgrund der flackernden Lichtquelle nicht still, sondern bewegt sich leicht. Da die Öllampe eine ausgedehnte Lichtquelle ist, wird der Schatten an den Rändern unscharf.

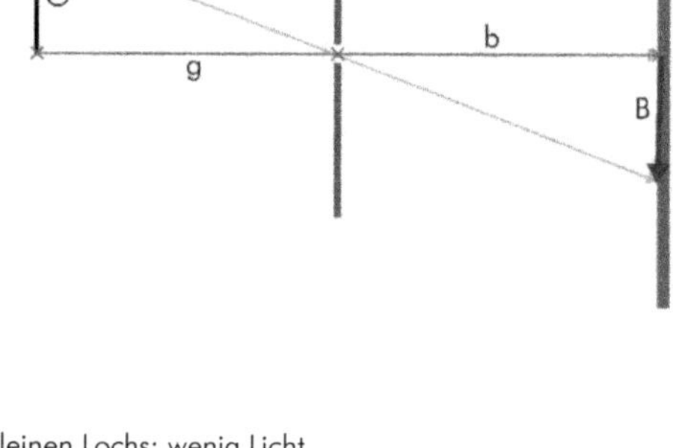

19. $B = 1.98$ mm, $V = 0.0011$

20. $V = 0.40$, $g = 6.25$ m

21. $d = 0.0092$ AE $= 1.4 \cdot 10^9$ m

22. Vorteil eines kleinen Lochs: scharfes Bild / Nachteil eines kleinen Lochs: wenig Licht

23. Das Bild ist aufrecht.

24. $h = 32$ m

25. Das virtuelle Bild wird durch Spiegeln der Lampe konstruiert. Einfalls- und Reflexionswinkel sind gleich gross.

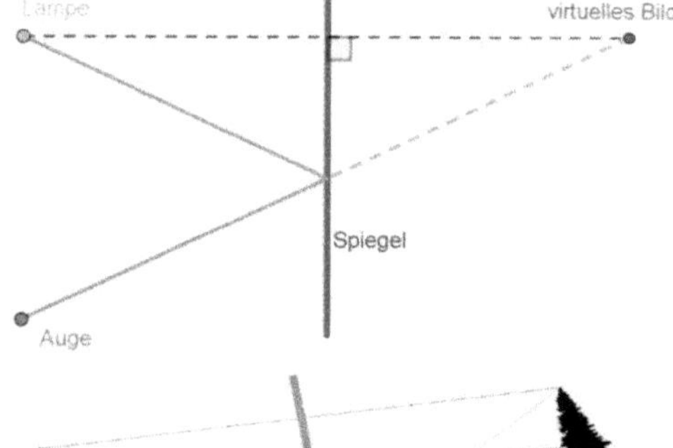

26. Gang von einigen Strahlen und virtuelles Bild:

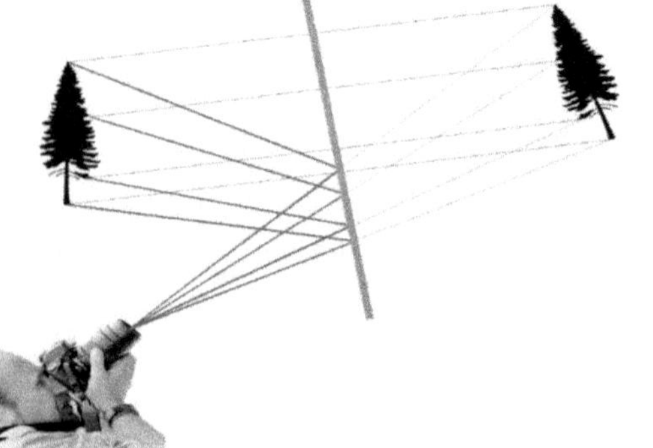

27. Höhe des Spiegels muss 90 cm sein. Die Oberkante des Spiegels muss 1.72 m über dem Boden befestigt werden. Diese Angaben sind unabhängig davon, wie weit die Person vom Spiegel entfernt ist. Der Spiegel muss die halbe Höhe der Person haben.

28. a) Mit dem linken Seitenspiegel
       einsehbarer Bereich:

   b) Zusätzlich mit dem linken Schulter-
      blick einsehbarer Bereich:

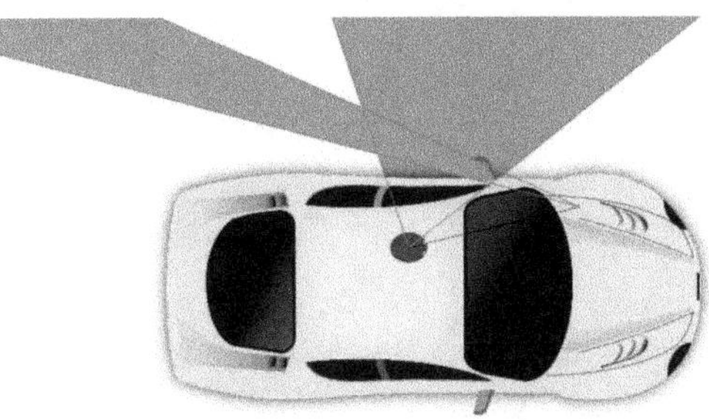

   c) Einsehbare Bereiche sind rot
      markiert. Beachte auch die toten
      Winkel, die nicht einsehbaren
      Bereiche. In diesen Bereichen
      wirst Du vom Fahrer nicht gesehen.
      Besonders gefährlich ist die Position
      rechts neben dem Fahrzeug
      beim Rechtsabbiegen.

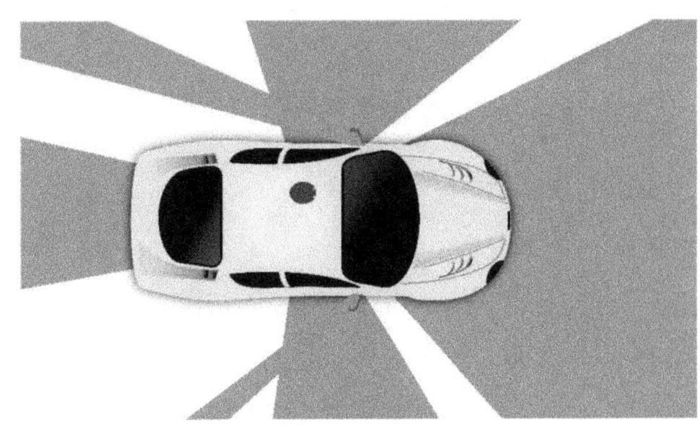

   d) Die Grösse des Innenrückspiegels
      ist hellblau eingezeichnet.

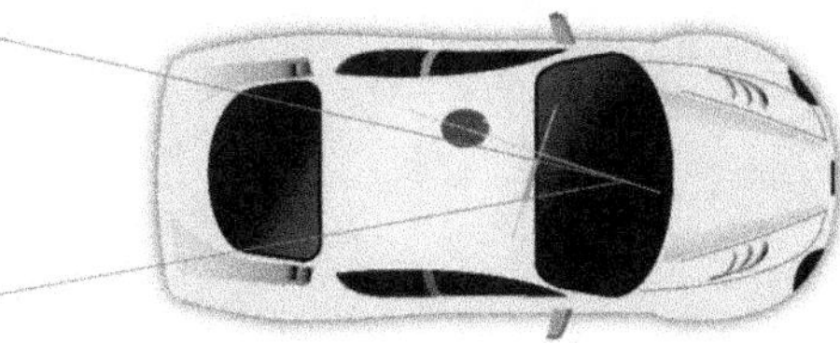

29. Das Licht wird in alle Richtungen reflektiert.

30. a) Metalle, Spiegel (unter grossen Winkel auch
       Wasser und Fensterglas).
    b) weisse Wände, Milchglas, Papier, (Nebel)
    c) schwarze und dunkle Oberflächen
    d) weisse und helle Oberflächen
    e) Glühlampe, Sonne

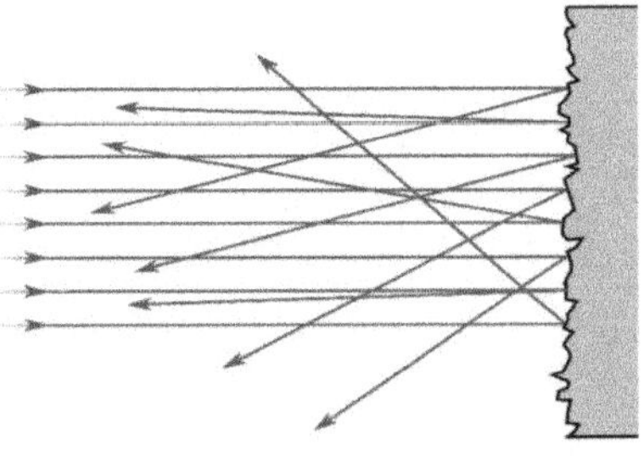

31. Auf trockener Strasse wird das Licht durch den rauen Fahrbahnbelag in alle Richtungen gestreut, einschliesslich in die Augen des Fahrers, dessen Auto das Licht aussendet. Dadurch erscheint die Strasse hell.
Auf nasser Fahrbahn wird das Licht jedoch von dem "glatten" Wasserfilm regulär reflektiert, wodurch kaum Rückstreuung auftritt. Der Fahrer des entgegenkommenden Fahrzeuges wird jedoch geblendet, da der reflektierte Lichtstrahl direkt in seine Augen trifft.

32. Mit Streuzentren, die den Lichtstrahl in das Auge des Beobachters umlenken.
z. B. Staub oder Wassertröpfchen (Nebel) in der Luft oder Luftblasen oder Verunreinigungen in Wasser.

33. Die Oberfläche des Flugzeugs ist geometrisch so gestaltet, dass sie Radarwellen in verschiedene Richtungen streut, anstatt sie direkt zur Radarquelle zurückzureflektieren. Dies reduziert das Radar-Rückstrahlsignal.

34. Winkelretroflektor

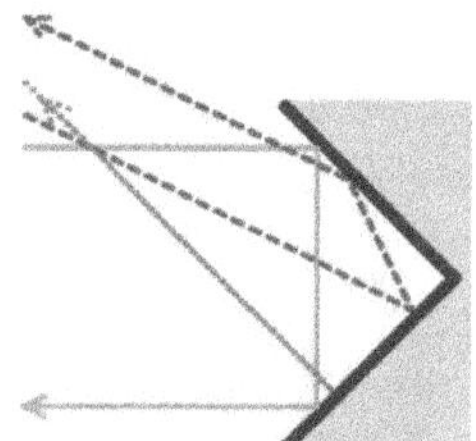

Linsenretroflektor

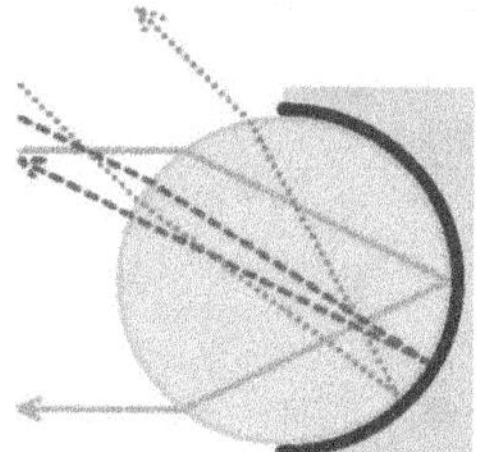

35. Da Eis und Wasser nahezu den gleichen Brechungsindex haben, wird das Licht an der Grenze zwischen Eis und Wasser nur minimal gebrochen. Dies bedeutet, dass das Licht fast ungehindert durch die Grenze zwischen Eis und Wasser hindurchgeht, was dazu führt, dass die Konturen und Kanten des Eiswürfels im Wasser weniger sichtbar sind. Im Gegensatz dazu haben Luft und Eis deutlich unterschiedliche Brechungsindizes, wodurch das Licht stark gebrochen wird, wenn es von Luft zu Eis übergeht.

36. richtig ist c

37. a) Luft → Wasser: $\alpha_E = 30° \rightarrow \alpha_B = 22°$
b) Wasser → Luft: $\alpha_E = 22° \rightarrow \alpha_B = 30°$

38. Die nebenstehende Zeichnung zeigt den Strahlengang.

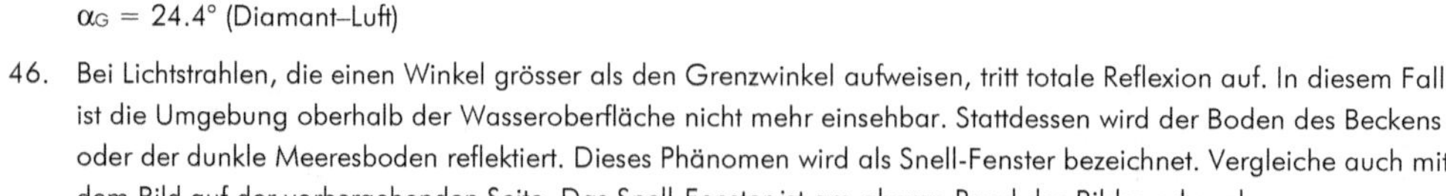

39. 22°

40. a) 8.1°
b) 0°
c) 38.7°

41. a) $\alpha_{B1} = 35°$
b) $\alpha_{B2} = 60°$
Der Strahl wird parallel versetzt.
c) d = 5.1 mm

42. n = 1.51 (Plexiglas)

43. 22.0°, 40.5°, 48.7°

44. 13°, 27°, 42°, 59°, 70°, −

45. $\alpha_G = 48.8°$ (Wasser–Luft)
$\alpha_G = 24.4°$ (Diamant–Luft)

46. Bei Lichtstrahlen, die einen Winkel grösser als den Grenzwinkel aufweisen, tritt totale Reflexion auf. In diesem Fall ist die Umgebung oberhalb der Wasseroberfläche nicht mehr einsehbar. Stattdessen wird der Boden des Beckens oder der dunkle Meeresboden reflektiert. Dieses Phänomen wird als Snell-Fenster bezeichnet. Vergleiche auch mit dem Bild auf der vorhergehenden Seite. Das Snell-Fenster ist am oberen Rand des Bildes erkennbar.

47. a) Der Strahl wird reflektiert.

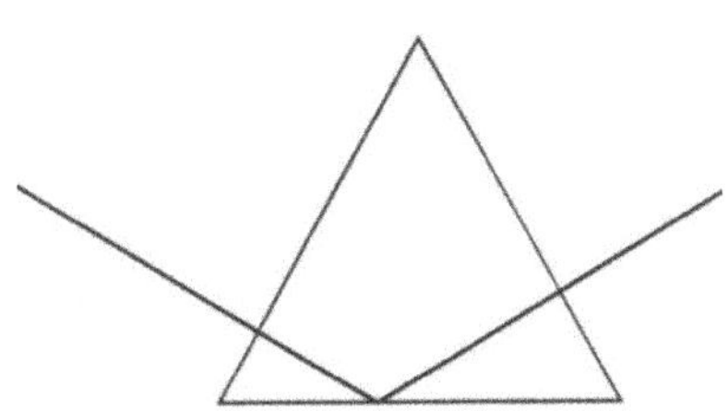

b) Der Strahl wird in der Richtung umgedreht.

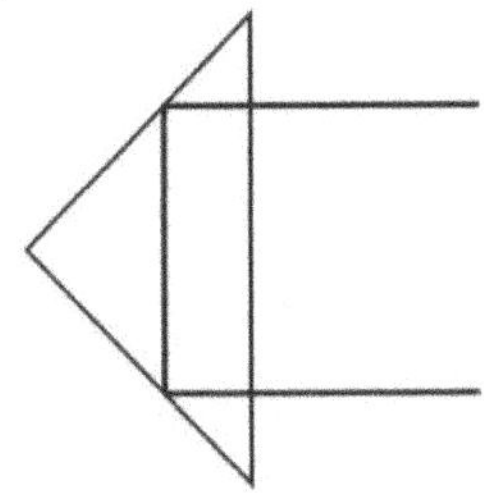

c) Der Strahl wird um 90° abgelenkt.

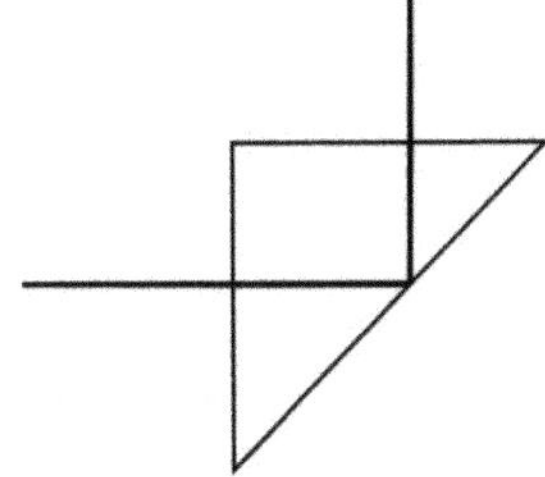

d) Der Strahl wird gebrochen und reflektiert.

48. $\alpha_{E1} = 30.0°$ $\alpha_{B1} = 19.5°$

$\alpha_{E2} = 40.5°$ $\alpha_{R2} = 40.5°$

$\alpha_{E2} = 19.5°$ $\alpha_{B1} = 30.0°$

$\alpha_{E1} = \alpha_{B1}$ Das ist erstaunlich.

Gilt dies für alle Einfallswinkel α_{E1}?

49. Diamanten haben einen sehr hohen Brechungsindex, was zu starker Lichtbrechung und Totalreflexion bei relativ kleinen Winkeln führt. Das Licht dringt durch die Tafel in den Diamanten ein. Der Winkel an der Spitze des Diamanten wirkt wie ein Retroreflektor und wirft das Licht zurück ins Auge des Betrachters.

50. a) $\alpha_G \approx 79.5°$, b)$\alpha_A \approx 14°$

51. Die Strahlen werden gesammelt.
[Bem: Wurden die Winkel sehr genau konstruiert, so stellt man fest, dass sich vor allem
die die Randstrahlen nicht genau im selben
Punkt schneiden (sphärische Aberration).]

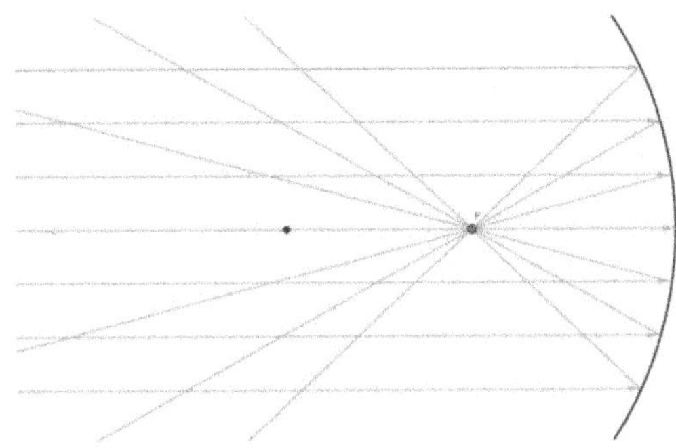

52. Die Strahlen werden zerstreut.

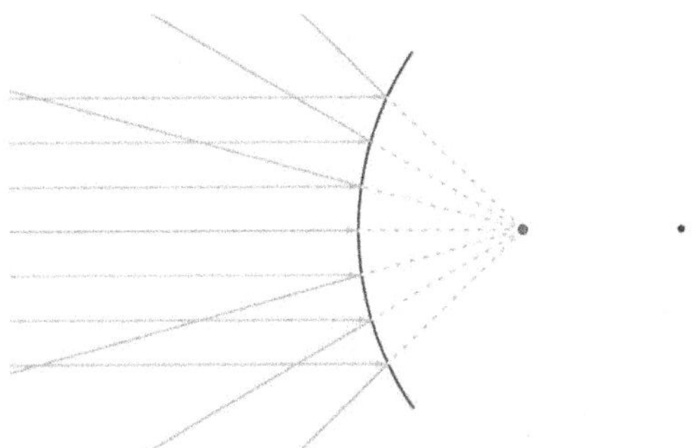

53. Sammellinse:

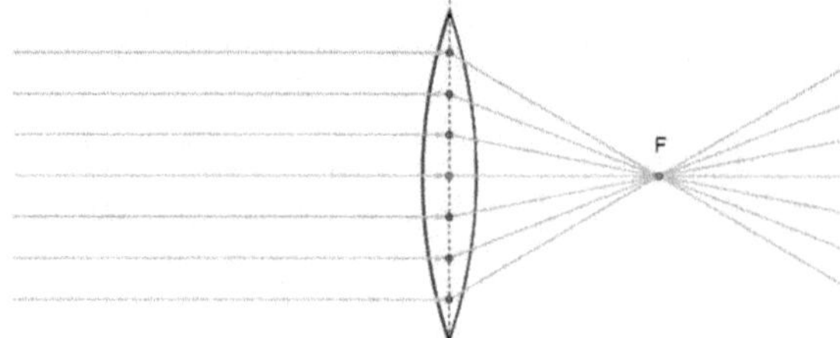

54. Zerstreuungslinse:

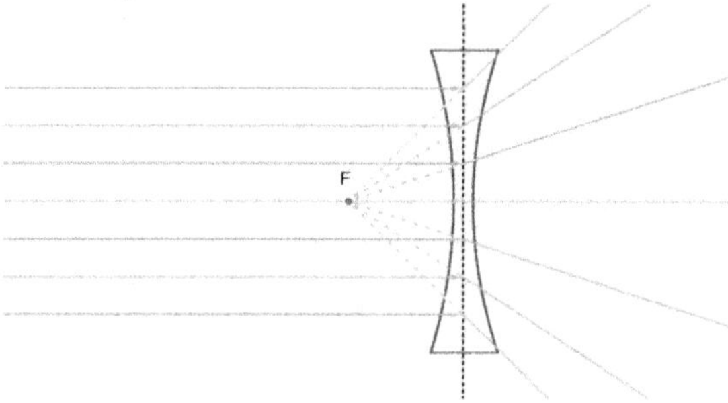

55. a) Bild: verkleinert, V < 1

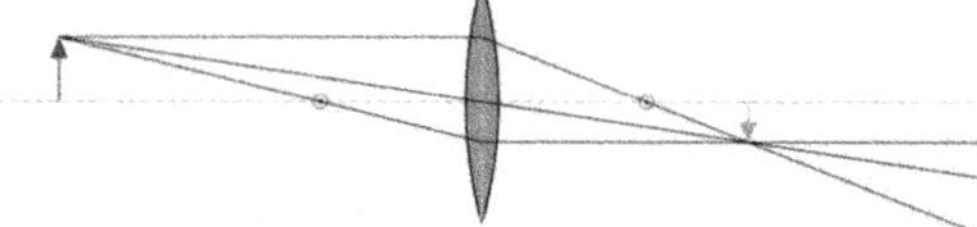

b) Bild: gleich gross, V = 1

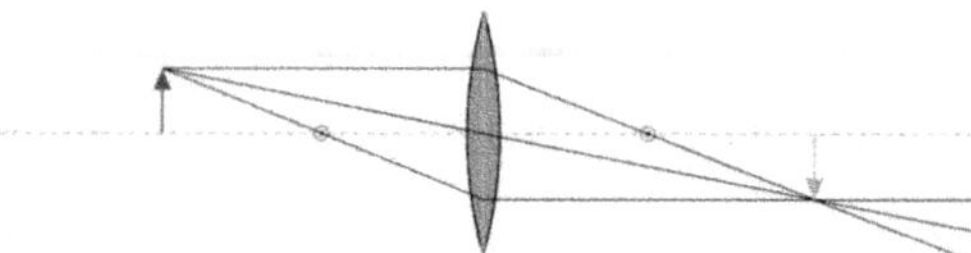

c) Bild: vergrössert, V > 1

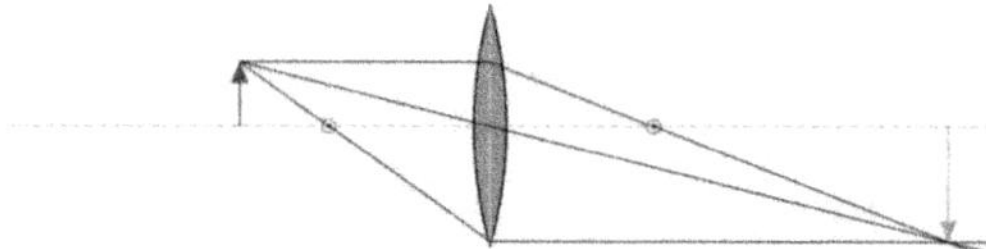

d) kein Bild, paralleles Lichtbündel

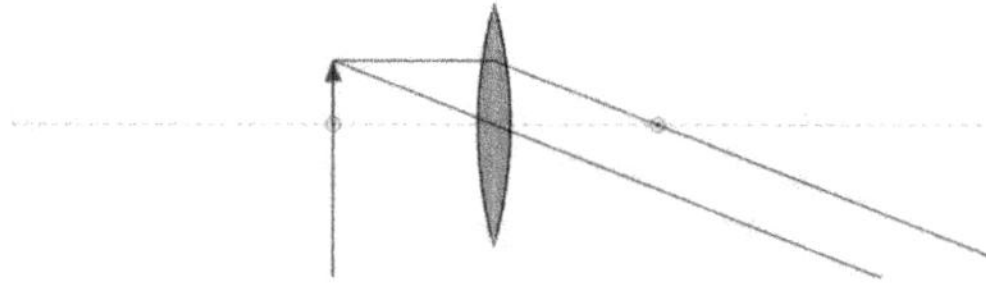

e) kein reelles Bild, jedoch ein virtuelles Bild (Lupe)

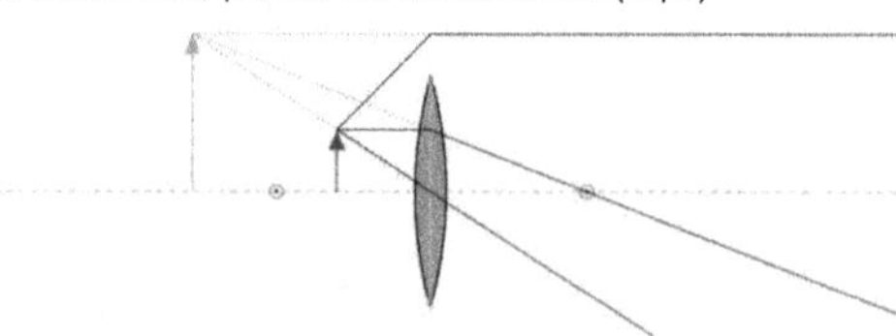

56. $g = 10.42$ cm, $B = 86.4$ cm

57. $g = 36.9$ cm, $f = 35.3$ cm

58. a) $b = 41.28$ cm   b) $B = 23.08$ mm
    c) $b = f = 50$ mm   d) $g = 55.56$ mm

59. a) Das Auto bewegt sich während der Belichtungszeit.
    b) $b = 28.05$ mm, $G = 1.60$ m
       $s = G$, $t = 1/30$ s, $v = s/t$, $v = 48$ m/s $= 173$ km/h
       (Das Bild wurde an einem Autorennen aufgenommen.)

60. 2 Lösungen: $g_1 = 484.5$ cm, $g_2 = 15.5$ cm

61. $g = 97.7$ cm, $b = 17.7$ cm   Diese Lösung ist ein reelles Bild.
    $g = 12.3$ cm, $b = -67.7$ cm   Diese Lösung ist ein virtuelles Bild.

Bildquellen

Seite 1   „Optik" aus Cyclopaedia 1728 via Wikimedia Commons (Public Domain)

Seite 2   „Strahlenbündel" von Dietmar Rabich via Wikimedia Commons (Creative Commons BY-SA 4.0)

Seite 5   „Kamele in Marokko" von Lahoriblefollia via Wikimedia Commons (Creative Commons BY-SA 3.0)
„Auto" by freepik (© alle Rechte vorbehalten)
„Erdaufgang" von Martipal via Wikimedia Commons (Creative Commons BY-SA 3.0)
„Mondaufgang", NASA/Bill Anders via Wikimedia Commons (Public Domain)

Seite 6   „Messung von Eratosthenes" von Gico via Wikimedia Commons (Creative Commons BY-SA 3.0)
„Weltkarte nach Eratostenes bzw. nach Strabo" via Wikimedia Commons (Public Domain)

Seite 7   „Liberation des Mondes" von Tomruen via Wikimedia Commons (Public Domain)

Seite 8   „Mondfinsternis" via Wikimedia Commons (Public Domain)
„Schema einer Mondfinsternis" von Sagredo via Wikimedia Commons (Public Domain)

Seite 9   „Schema einer Sonnenfinsternis" von Sagredo via Wikimedia Commons (Public Domain)
„Partielle Sonnenfinsternis" von Michael Roudabush via Wikimedia Commons (Public Domain)
„Totale Sonnenfinsternis" von Luc Viatour via Wikimedia Commons (Creative Commons BY-SA 3.0)
„Ringförmige Sonnenfinsternis" von sancho_panza via flickr (Creative Commons BY-SA 2.0)
„SolarEclipse-Wyoming-2017" von jacklynsey via Wikimedia Commons (Creative Commons BY-SA 2.0)

Seite 10 „Halbmond" von Jessie Eastland via Wikimedia Commons (Creative Commons BY-SA 4.0)

Seite 12 „Gobo-Projektor" via Wikimedia Commons (Public Domain)
„Röntgen-Thorax" von Dea via Wikimedia Commons (Creative Commons BY-SA 3.0)

Seite 13 „Strasse in Logatec " von Thycoop via Wikimedia Commons (Creative Commons BY-SA 4.0)
„Projektion der Dornblüthstrasse" von Dr. Bernd Gross (Creative Commons BY-SA 4.0)

Seite 14 „Luxor" von Olaf Tausch via Wikimedia Commons (Creative Commons BY-SA 3.0)
„Chinesische Schatten, der Hase" von Ferdinand du Puigaudeau via Wikimedia Commons (Public Domain)
„Wayang kulit" via Wikimedia Commons (Creative Commons SA 4.0)

Seite 15 „Lumix" von Membeth via Wikimedia Commons (Public Domain)
„Camera obscura in Biel" von Хрюша via Wikimedia Commons (Creative Commons SA 3.0)
„Stuhl mit Korbgeflecht" von Anton via Wikimedia Commons (Creative Commons BY-SA 3.0)

Seite 16 „Camera Obscura" von Anton via Wikimedia Commons (Creative Commons BY-SA 3.0)
„Camera Obscura aus Ars Magna Lucis Et Umbra" via Wikimedia Commons (Public Domain)
„Nautilus" von Hans Hillewaert via Wikimedia Commons (Creative Commons BY-SA 4.0)

Seite 17 „Reflexionsbecken in Bordeaux" von Moi-meme via Wikimedia Commons (Creative Commons BY SA 2.5)

Seite 18 „Funktionsweise eines Periskops" von Christian Schirm via Wikimedia Commons (Public Domain)
„Periskop", US Navy via Wikimedia Commons (Public Domain)

Seite 19 „Spiegel" von Cgn via Wikimedia Commons (Creative Commons BY SA 3.0)

Seite 20 „Auto" von Peeyush.ciit via Wikimedia Commons (Creative Commons BY SA 4.0)

Wellenoptik

Could soap bubbles be used to predict the strength of hurricanes and typhoons? However unexpected it may sound, this question prompted physicists at the Laboratoire Ondes et Matière d'Aquitaine (CNRS, France) to perform a highly novel experiment: They used soap bubbles to model atmospheric flow. A detailed study of the rotation rates of the bubble vortices enabled the scientists to obtain a relationship that accurately describes the evolution of their intensity and propose a simple model to predict that of tropical cyclones.
T. Meuel et al. „Intensity of vortices: from soap bubbles to Hurricanes", *Nature Scientific Reports*, 3455 (2013)

1. Elektromagnetische Wellen

Die Strahlenoptik bedient sich des Strahlenmodells des Lichtes und behandelt damit auf einfache, rein geometrische Weise den Weg des Lichtes auf Linien. Es gelten folgende Gesetze:

In homogenem Material bereiten sich die Lichtstrahlen *geradlinig* aus.

An der Grenze zwischen zwei homogenen Materialien wird das Licht im Allgemeinen *reflektiert* und *gebrochen*.

Der Strahlengang ist *umkehrbar*.

Die Lichtstrahlen durchkreuzen einander, ohne sich gegenseitig zu *beeinflussen*.

Dieses Modell beschreibt unter anderem folgende Anwendungen gut: *Linsen, Spiegel, optische Instrumente etc.*

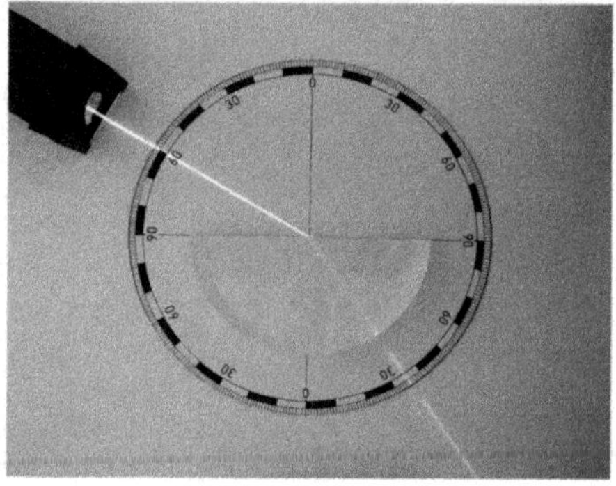

Es erklärt jedoch nicht, weshalb die obigen empirischen Gesetze gelten.

Viele optische Phänomene können jedoch weder beschrieben noch erklärt werden, darunter *der Regenbogen, Absorption, Beugung, Polarisation etc*

Als Wellenoptik bezeichnet man den Teilbereich der Optik, der Licht als *elektro-magnetische Wellen* behandelt statt als Bündel von Lichtstrahlen. Mithilfe der Wellenoptik lassen sich die Annahmen der geometrischen Optik und weitere Phänomene des Lichtes erklären.

Als *elektromagnetische Welle* bezeichnet man eine Welle aus gekoppelten .elektrischen und ...magnetischen..... Feldern. Beispiele für elektromagnetische Wellen sind .das Licht, Radiowellen, Röntgenstrahlen etc.......

Das sichtbare Licht umfasst ca. eine ...Oktave... und hat Wellenlängen zwischen ca. 380 nm (...violett....) bis ca. 780 nm (....rot.......).

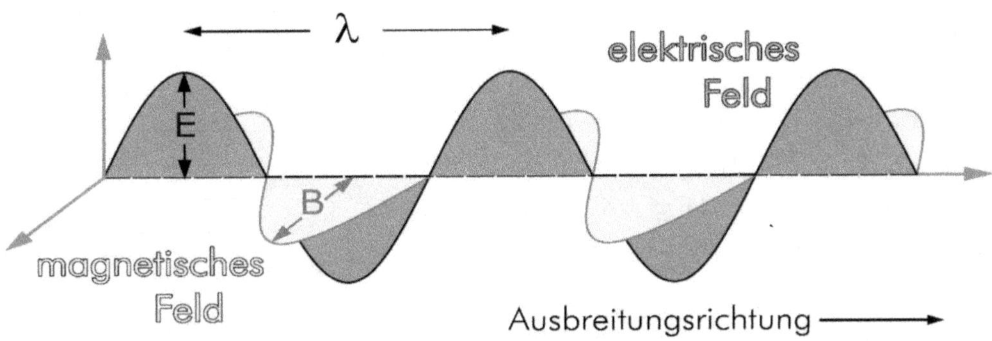

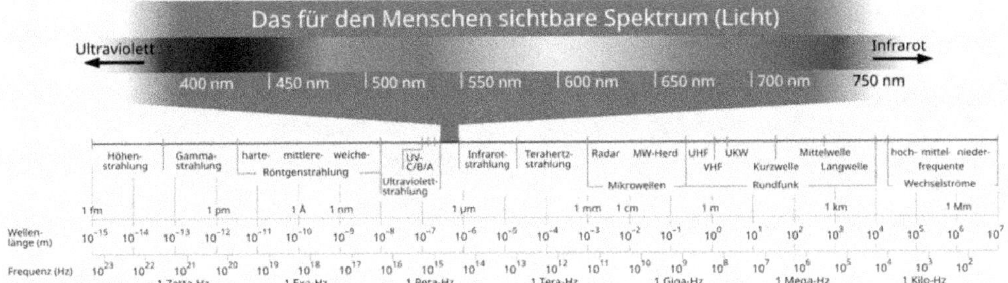

Die Lichtgeschwindigkeit

Messung der Lichtgeschwindigkeit

Der Brechungsindex

Das Licht breitet sich in Medien langsamer aus als im Vakuum.
Wir definieren den Brechungsindex wie folgt:

$$\text{Brechungsindex } n = \frac{c_{Vakuum}}{c_{Medium}}$$

Medium	Brechungs-index n
Vakuum	1
Luft	1.000292
Eis	1.31
Wasser	1.33
Kronglas	≈ 1.5
Benzol	1.501
Jenaer Glas BK7	1.5163
PMMA (Plexiglas)	1.49
Flintglas	≈ 1.7
Jenaer Glas SF1	1.72
Diamant	2.42

Dispersion

Der Brechungsindex und damit die Lichtgeschwindigkeit hängt
nicht nur vom Material, sondern auch von der _Wellen-_
länge der Lichtwelle ab. Diese Wellenlängen-
abhängigkeit des Brechungsindexes wird _Dispersion_
genannt. Abgebildet ist der Brechungsindex von Siliciumdioxid.

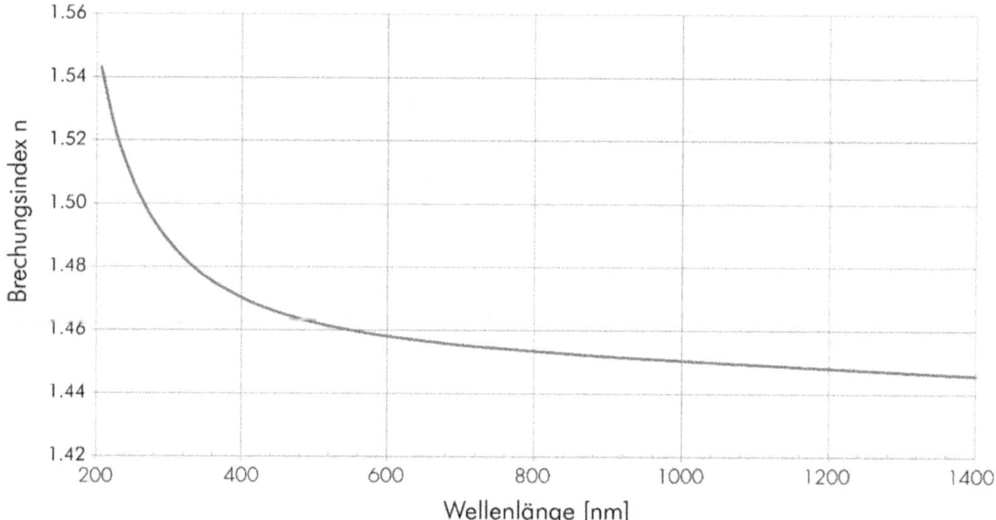

Im Experiment sehen wir, dass Licht unterschiedlicher Farbe,
also unterschiedlicher Wellenlänge, unterschiedlich stark
gebrochen wird.

Licht unterschiedlicher Wellenlänge hat unterschiedliche
Brechungsindizes

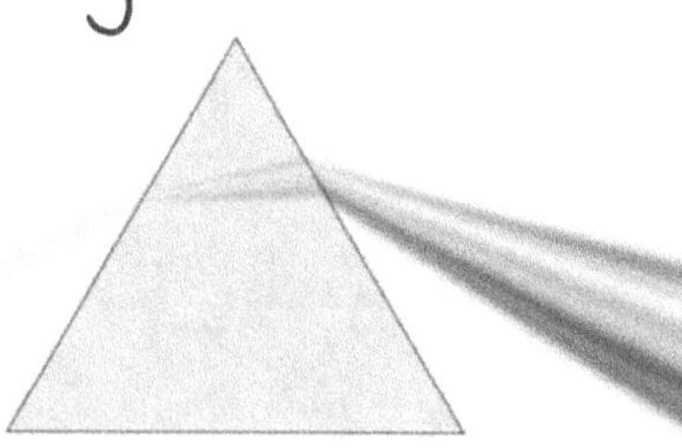

Aufgabe 1: Im Jahr 1889 führte das Internationale Büro für Mass und Gewicht den Internationalen Meterprototyp für die Einheit Meter ein. Obgleich bei der Herstellung des Meterprototypen grösster Wert auf Haltbarkeit und Unveränderbarkeit gelegt worden war, war doch klar, dass dieser grundsätzlich vergänglich ist. Die Anfertigung von Kopien führte zwangsläufig zu Abweichungen und – ebenso wie regelmässige Vergleiche der Kopien untereinander und mit dem Original – zum Risiko von Beschädigungen. Deshalb wurde 1961 (gültig bis 1983) die Basiseinheit 1 Meter durch ein Vielfaches der Wellenlänge der orangen Spektrallinie von Krypton-86 definiert, welche im Vakuum 605.8 nm (orangerot) beträgt. Wie gross sind die Lichtgeschwindigkeit und die Wellenlänge dieser Spektrallinie in Glas mit einem Brechungsindex von 1.747?

Aufgabe 2: Die chromatische Aberration (griechisch χρουμα chroma ‚Farbe' und lateinisch aberrare ‚abschweifen') ist ein Abbildungsfehler optischer Linsen, der entsteht, weil Licht unterschiedlicher Wellenlänge unterschiedliche Brennpunkte hat. Warum haben Lichtstrahlen unterschiedlicher Wellenlänge unterschiedliche Brennpunkte? Warum tritt dieser Effekt bei Hohlspiegeln nicht auf?

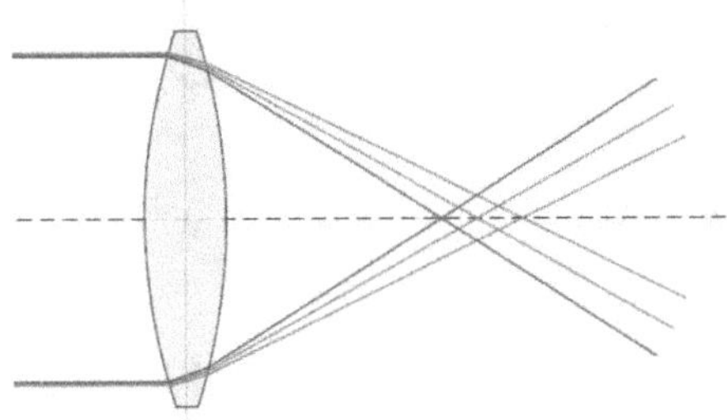

Aufgabe 3: Aufgrund der Dispersion optischer Materialien zeigt eine Einzellinse chromatische Aberration. Durch die Kombination einer positiven und einer negativen Linse aus Gläsern mit unterschiedlicher Dispersion lässt sich die Brennweite in erster Näherung konstant halten und der Farblängsfehler der chromatischen Aberration weitgehend korrigieren. Ein solches Objektiv wird als Achromat bezeichnet. Der nebenstehende Achromat besteht aus Flint- und Kronglas. Zeichne in der Abbildung ein, welche der Linsen aus Kronglas und welche aus Flintglas besteht.

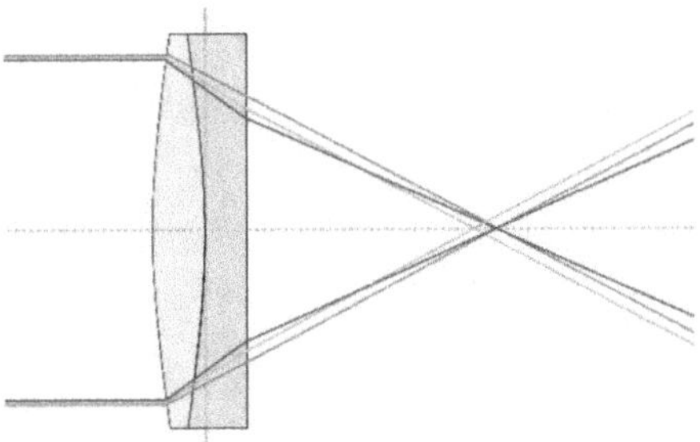

In der linken Abbildung sind Farbfehler aufgrund chromatischer Aberration erkennbar. Vor der Fokusebene sind purpurfarbene und hinter der Fokusebene grünlich-blaue Farbtöne erkennbar. In der rechten Abbildung wurde die Blende (Durchmesser des Objektivs) verkleinert, wodurch der Farbfehler reduziert wird.

Der Regenbogen

Ein Regenbogen entsteht durch das Sonnenlicht, das von Regentropfen gebrochen und reflektiert wird.

Regentropfen sind transparent und in freiem Fall annähernd kugelförmig. Die Abbildungen rechts zeigen den Weg eines Sonnenstrahls durch einen Regentropfen[1].

Die Abbildung verdeutlicht, dass das meiste rote Licht, das durch einen Regentropfen passiert, auf einen bestimmten Winkel konzentriert zurückgeworfen wird. Nach einer Reflexion im Tropfen beträgt dieser Winkel für rotes Licht etwa 42°. Bei zwei Reflexionen im Tropfen konzentriert sich das Licht auf einen Winkel von 51°.

Aufgrund der Dispersion hängen diese Winkel geringfügig von der Wellenlänge und somit der Farbe des Lichtes ab.

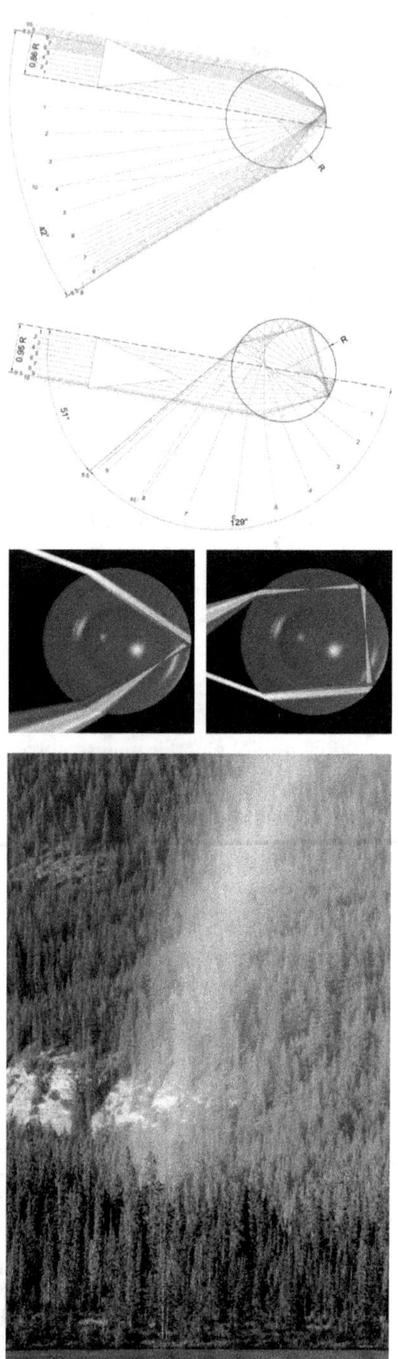

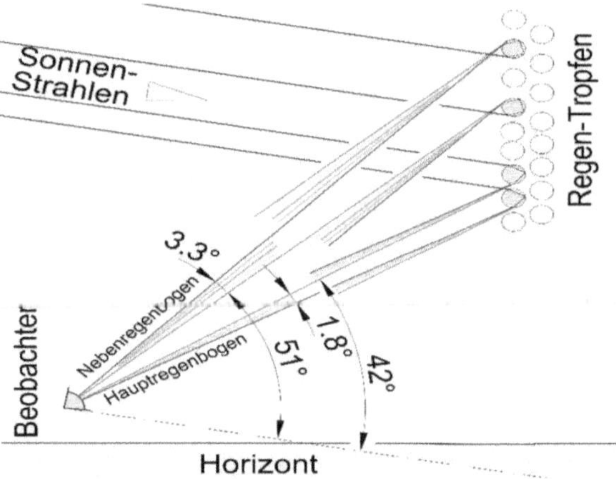

---

[1]   Die beim Eintritt und Austritt sind die an der Oberfläche des Tropfens reflektierten Strahlenteile sowie die bei der inneren Reflexion austretenden Strahlen nicht dargestellt, da sie nicht zur Entstehung des Regenbogens beitragen, sondern lediglich dessen Intensität verringern.

---

2. Farbwahrnehmung

Das menschliche Auge hat zwei Typen Photorezeptoren:

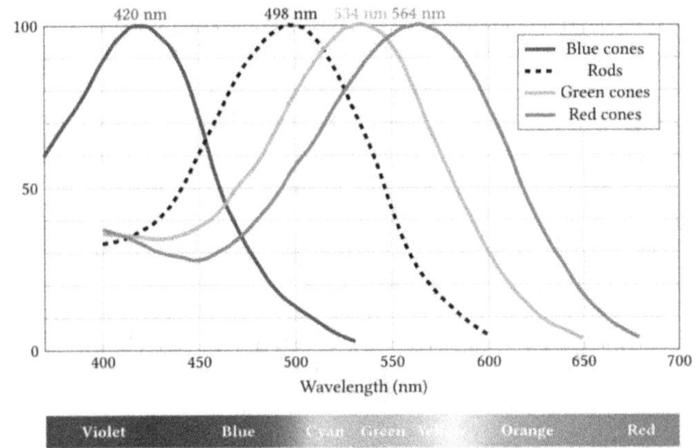

- Die Stäbchenzellen sind bei geringer Lichtintensität aktiv und sind für das Nachtsehen verantwortlich.
- Die drei verschiedenen Arten von Zapfen registrieren unterschiedliche Farbvalenzen. Jede Zapfenart hat einen spezifischen spektralen Empfindlichkeitsbereich.

Additive Farbmischung

Da unser Auge das Lichtspektrum nur mit den drei Zäpfchen für Rot, Grün und Blau (RGB) wahrnimmt, kann man mit Licht dieser drei Farben alle Farbeindrücke zusammenmischen. Wenn z.B. gelbes Licht auf unser Auge trifft, werden die grünen und die roten Zäpfchen aktiviert, aber die blauen nicht. Unser Gehirn empfindet dies als Gelb. Das gleiche geschieht auch, wenn rotes und grünes Licht gleichzeitig auftreten. Die Mischung aus rotem und grünem Licht nehmen wir ebenfalls als Gelb wahr. Wenn gleichzeitig alle Zäpfchen aktiviert werden, nehmen wir dies als weisses Licht wahr.

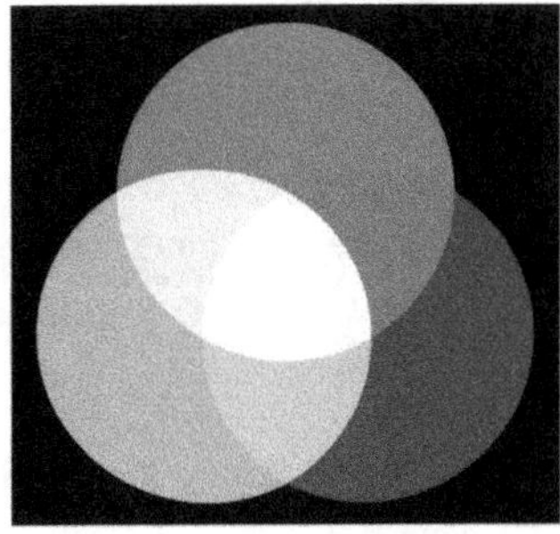

Anwendungen: LCD-Bildschirm, Beamer, farbige Scheinwerfer.

Subtraktive Farbmischung

Normalerweise mischt man nicht verschiedene Lichtfarben, sondern verschiedene Farbpigmente. Rote Pigmente z.B. reflektieren nur das rote Licht und entfernen alles andere. Beim Mischen von mehreren Farbpigmenten wird das Ergebnis somit immer dunkler (subtraktiv). Auch bei der Mischung von Farbpigmenten genügen drei Grundfarben. Sie heissen Cyan, Magenta und Yellow (CMY).

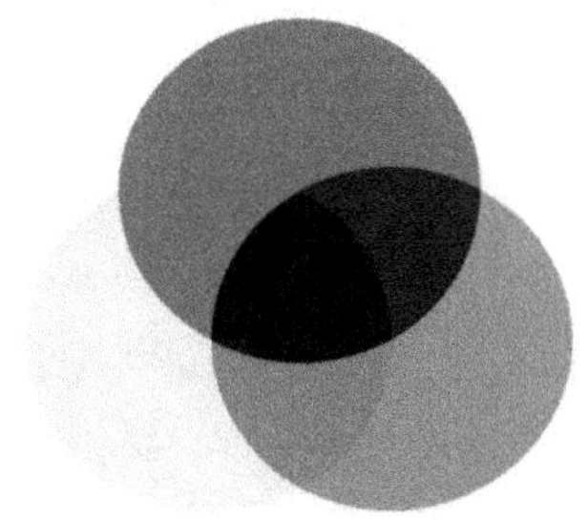

Beispiele: Farbdruck, Mischen von Farben für die Malerei (Wasserfarben, Ölfarben).

Die Farbe eines Körpers hängt davon ab, welche Spektralfarben er an seiner Oberfläche reflektiert und welche er absorbiert. Ein schwarzer Körper absorbiert das gesamte sichtbare Licht, während ein weisser Körper alle Spektralfarben gleichmässig reflektiert.

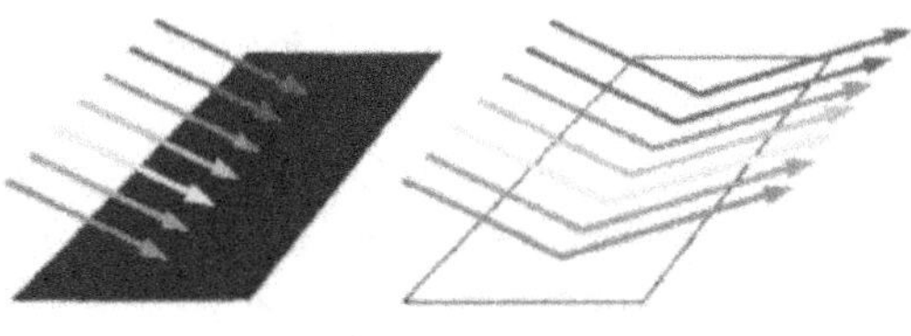

Damit ein Körper zum Beispiel gelb erscheint, gibt es mehrere Möglichkeiten:

- Der Körper kann alle Spektralfarben ausser Gelb absorbieren.
- Er kann nur die Komplementärfarbe von Gelb, also Blau, absorbieren, sodass das verbleibende Licht gelb erscheint.
- Der Körper kann eine Kombination von Spektralfarben reflektieren, deren Mischung einen gelben Farbeindruck erzeugt, zum Beispiel Rot und Grün.

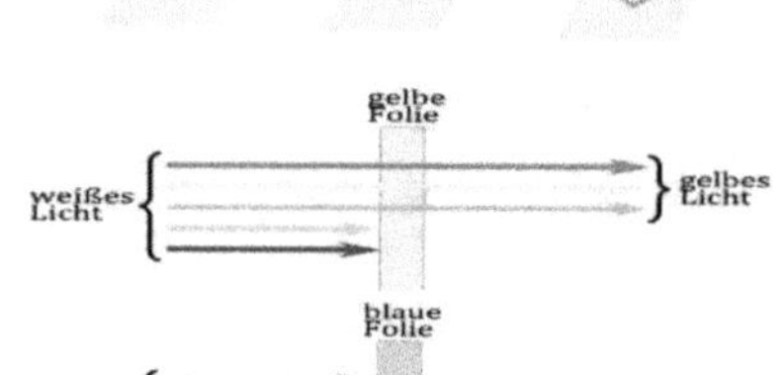

Aufgabe 4: Nebenstehend sind zwei Farbfilter dargestellt. Welche Farbe ergibt sich, wenn

    a) die beiden Filter aufeinandergelegt werden, d.h. das Licht subtraktiv gemischt wird?

    b) das Licht nach dem Filter überlagert wird, d.h. das Licht nach den Filtern additiv gemischt wird?

Aufgabe 5: Natriumdampflampen werde wegen ihres hohen Wirkungsgrades und ihrer hohen Lebensdauer oft in der Strassenbeleuchtung verwendet. Diese Lampen strahlen spektrales, gelbes Licht aus. Der Nachteil dieser Lampen ist, dass sie die Farben der Gegenstände verfälschen.

    a) Ein Gegenstand erscheint in weissem Licht weiss. In welcher Farbe erscheint dieser Gegenstand im gelben Licht einer Natriumdampflampe?

    b) Ein Gegenstand erscheint in weissem Licht blau. In welcher Farbe erscheint dieser Gegenstand im gelben Licht einer Natriumdampflampe?

Aufgabe 6: Bei der additiven Farbmischung nimmt das Auge mehrere Strahlungen gleichzeitig wahr. Der Farbreiz entsteht durch Addition der einzelnen RGB-Farben. Einer beliebigen Farbe kann man bei der additiven Farbmischung einen Vektor $\vec{f} = \begin{pmatrix} R \\ G \\ B \end{pmatrix}$ mit den Komponenten R, G und B zwischen 0 und 1 zuordnen. Die Basisvektoren sind $\vec{r} = \begin{pmatrix} 1 \\ 0 \\ 0 \end{pmatrix}$ für die Farbe Rot, $\vec{g} = \begin{pmatrix} 0 \\ 1 \\ 0 \end{pmatrix}$ für die Farbe Grün und $\vec{b} = \begin{pmatrix} 0 \\ 0 \\ 1 \end{pmatrix}$ für die Farbe Blau.

    a) Welche Vektoren werden den Farben Gelb, Cyan und Magenta zugeordnet?

    b) Welcher Vektor ist Weiss bzw. Schwarz zugeordnet? Welche Eigenschaft hat ein Vektor eines Grautons?

Aufgabe 7: Einer beliebigen Farbe f kann man bei der subtraktiven Farbmischung einen Vektor $\vec{f} = \begin{pmatrix} C \\ M \\ Y \end{pmatrix}$ mit Komponenten C, M und Y zwischen 0 und 1 zuordnen. Die Basisvektoren $\vec{c} = \begin{pmatrix} 1 \\ 0 \\ 0 \end{pmatrix}$ für die Farbe Cyan, $\vec{m} = \begin{pmatrix} 0 \\ 1 \\ 0 \end{pmatrix}$ für die Farbe Magenta und $\vec{y} = \begin{pmatrix} 0 \\ 0 \\ 1 \end{pmatrix}$ für die Farbe Gelb.

    a) Welche Vektoren werden den Farben Rot, Grün und Blau zugeordnet?

    b) Welcher Vektor ist Weiss bzw. Schwarz zugeordnet? Welche Eigenschaft hat ein Vektor eines Grautons?

3. Das Huygens'sche Prinzip

Mit der Wellenwanne studieren wir, wie sich Wellen beim Durchgang durch eine Öffnung verhalten. Es kann Beugung beobachtet werden:

geradlinige Ausbreitung

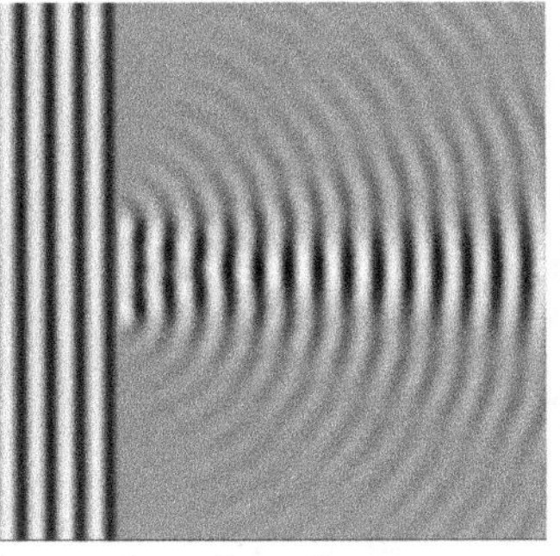

kompliziertes Beugungsmuster

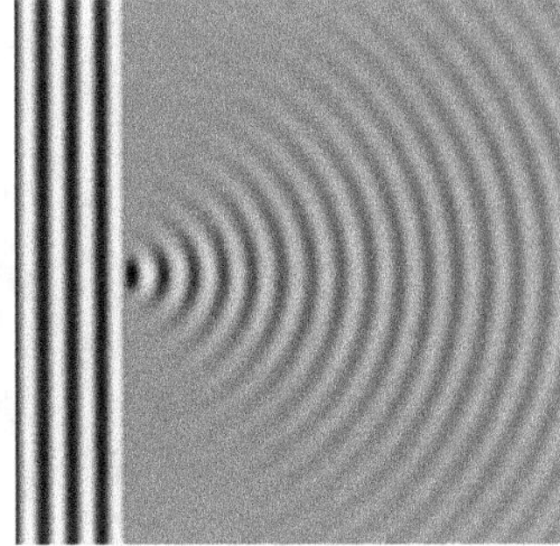

kreisförmige Ausbreitung

Man beobachtet, dass die Welle in den geometrischen … _Schatten_ …raum übergreift. Dieses Übergreifen in den Schattenraum heisst … _Beugung_ . Das Phänomen wird umso stärker, je .._kleiner_.. der Spalt ist. Es lassen sich zwei extreme Fälle unterscheiden:

Geradlinige Ausbreitung: Ist der Spalt wesentlich .._grösser_.. als die Wellenlänge ($d \gg \lambda$), so breitet sich die Welle nach dem Spalt geradlinig aus.

Kreisförmige Ausbreitung: Ist der Spalt jedoch deutlich .._kleiner_... als die Wellenlänge ($d \ll \lambda$), so breitet sich nach dem Spalt eine Kreiswelle aus.

Ganz allgemein ist jeder Punkt einer Wellenfront Ausgangspunkt einer Kreiswelle (_Huygens-Prinzip_).

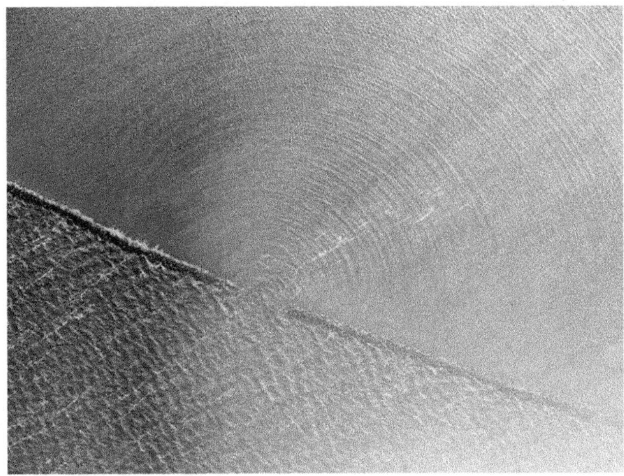

Christiaan Huygens (1629 – 95 Den Haag)
Astronom, Mathematiker und Physiker

Geradlinige Ausbreitung

Das Huygens'sche Prinzip besagt, dass jeder Punkt einer Wellenfront als Ausgangspunkt einer neuen Welle, der so genannten Elementarwelle, betrachtet werden kann. Die neue Lage der Wellenfront ergibt sich durch Überlagerung (Superposition) sämtlicher Elementarwellen.

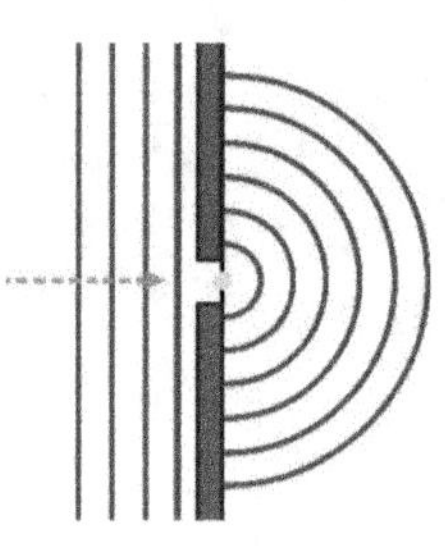

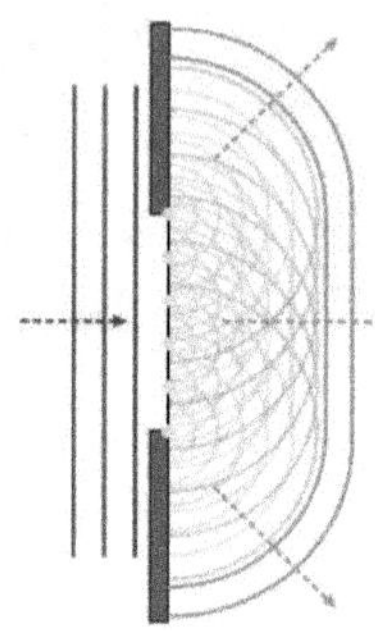

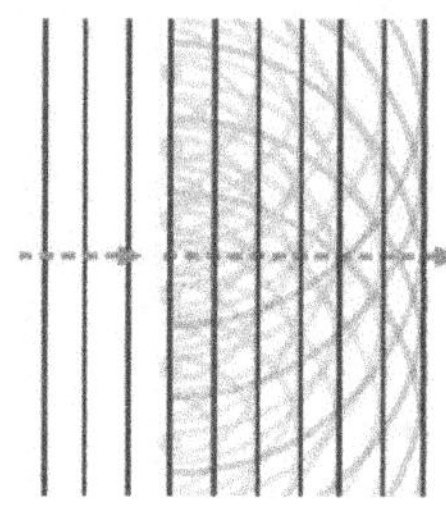

kreisförmige Ausbreitung   Beugung   geradlinige Ausbreitung

Das Reflexionsgesetz

Trifft eine Welle auf eine glatte Oberfläche, so wird sie reflektiert.

Der Reflexionswinkel α_R ist stets gleich gross wie der Einfallswinkel α_E: $\alpha_E = \alpha_R$

Der einfallende Strahl, das Lot auf der Körperoberfläche und der reflektierte Strahl liegen stets in einer Ebene.

Das Reflexionsgesetz ergibt sich aus dem Huygens'sche Prinzip.

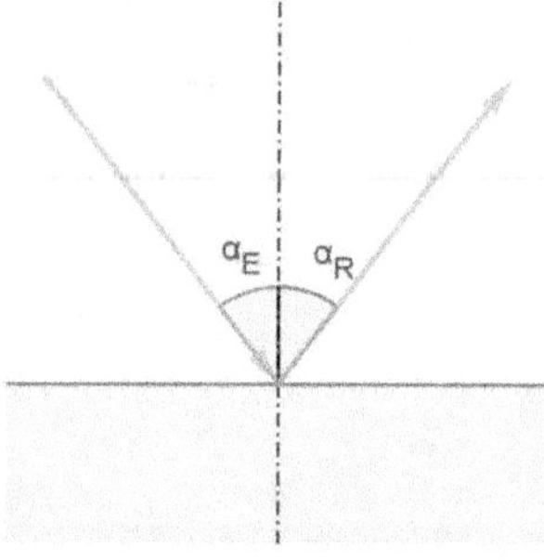

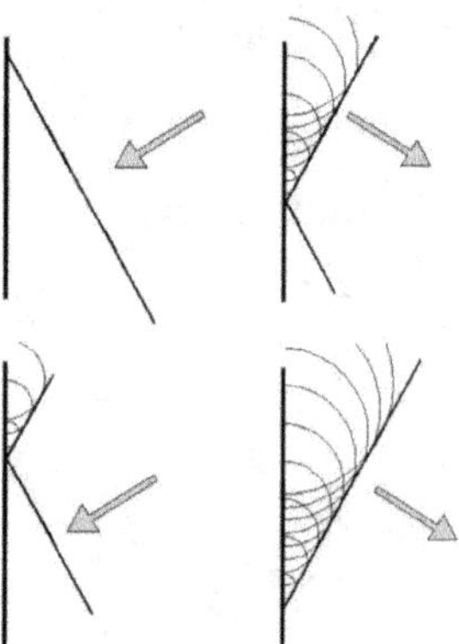

Das Brechungsgesetz

Ein Stäbchen, das in einem leeren Glas steht.

Nach dem Zufüllen von Wasser erscheint der Stab etwas abgeknickt.

Vergleich der zwei Bilder (Überlagerung).

Trifft eine Welle auf eine Grenzfläche zwischen zwei Medien, so wird der Strahl gebrochen. Der _Brechungswinkel_ α_B berechnet sich aus dem _Einfallswinkel_ α_E mit dem Brechungsgesetz von Snellius:

$$\frac{\sin(\alpha_E)}{\sin(\alpha_B)} = \frac{n_B}{n_E}$$

Der einfallende Strahl, das Lot auf der Körperoberfläche und der gebrochene Strahl liegen stets in einer _Ebene_.

Das Brechungsgesetz lässt sich aus dem Huygens'sche Prinzip herleiten:

$$\sin \alpha_E = \frac{\ell_E}{d} = \frac{c_E \, \Delta t}{d} = \frac{c \cdot \Delta t}{n_E \cdot d}$$

$$\sin \alpha_B = \frac{c \cdot \Delta t}{n_B \, d}$$

$$\frac{\sin \alpha_E}{\sin \alpha_B} = \frac{\dfrac{c \cdot \Delta t}{n_E \, d}}{\dfrac{c \cdot \Delta t}{n_B \cdot d}} = \frac{n_B}{n_E}$$

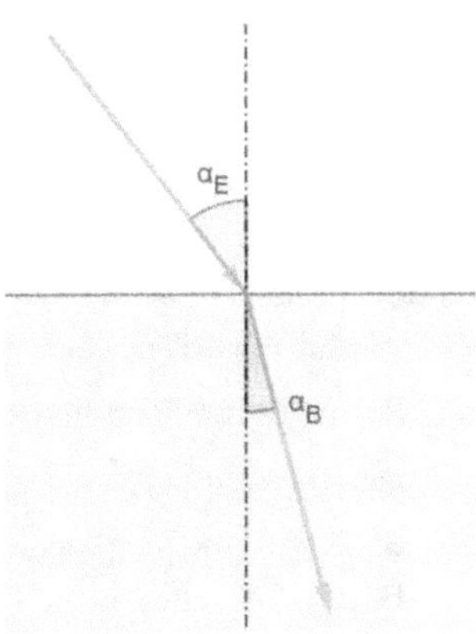

Aufgabe 8: Ein Beobachter sieht ein Objekt in einem Spiegel. Zeichne, wo das Objekt für den Beobachter erscheint (virtuelles Bild) und den Strahlengang vom Objekt bis zum Auge des Beobachters. Begründe die Richtigkeit Deiner Konstruktion.

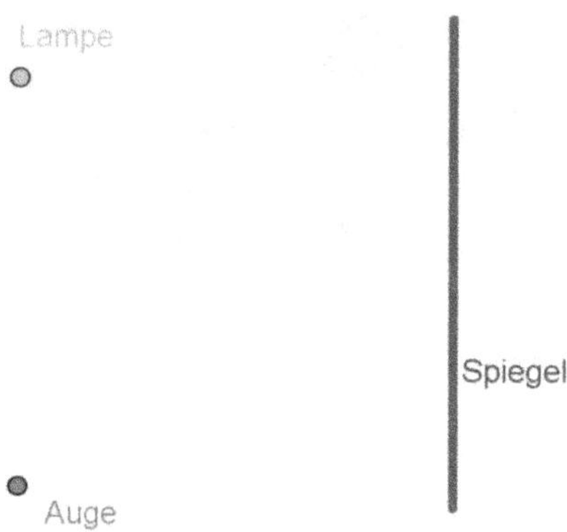

Aufgabe 9: Ein Lichtstrahl trifft aus Wasser (n = 1.333) unter einem Winkel von 65° auf eine Eisoberfläche (n = 1.310). Wie gross ist der Brechungswinkel?

Aufgabe 10: Ein Lichtstrahl fällt aus Luft mit einem Einfallswinkel von 35.7° auf die Oberfläche einer Flüssigkeit. Der Brechungswinkel beträgt 26°. Um welche Flüssigkeit könnte es sich handeln?

Aufgabe 11: Der Einfallswinkel eines Lichtstrahls aus Luft auf eine ebene Plexiglasfläche beträgt 55°. Wie gross ist der Winkel zwischen dem reflektierten und dem gebrochenen Strahl?

Aufgabe 12: Ein Lichtstrahl trifft aus der Luft unter einem Winkel von 65° auf die Oberfläche eines Diamanten. Wie gross ist der Brechungswinkel?

Aufgabe 13: Leite die Formel für den Grenzwinkel der Totalreflektion α_G her, indem Du im Brechungsgesetz $\alpha_B = 90°$ setzt und nach α_E auflöst.

Beim Übergang von einem .*dichten*. Medium n_E in ein ..*dünnes*.... Medium n_B wird für Einfallswinkel, die grösser als der Grenzwinkel α_G sind, alles Licht reflektiert *(Totalreflexion)*:

$$\sin(\alpha_G) = \frac{\quad}{\quad}$$

Aufgabe 14: Wie gross ist der Grenzwinkel für Totalreflexion beim Übergang Wasser-Luft? Wie gross ist er für den Übergang Diamant-Luft? Stelle eine Formel für den Grenzwinkel auf.

4. Beugung von Wellen

Beugung am Doppelspalt

Wir lassen einen Laserstrahl auf einen Doppelspalt treffen und betrachten das entstehende Muster. Es entsteht ein Interferenzmuster. Licht wird an einem Doppelspalt gebeugt

Hinter jeder Öffnung breitet sich eine Kreiswelle aus. Diese Kreiswellen laufen übereinander hinweg und bilden dabei ein Interferenzmuster (Beugungsmuster). Es gibt Gebiete mit *destruktiver* Interferenz, in denen sich die Wellen gegenseitig auslöschen. In anderen Gebieten kommt es zur *konstruktiver* Interferenz und es ergibt sich eine grosse Amplitude, die Beugungsmaxima.

Thomas Young führte 1802 dieses Doppelspaltexperiment erstmals mit Licht durch. Es wurde zu einem der bedeutendsten Experimente in der Geschichte der Physik.

Thomas Young (* 1773 – † 1829) Arzt, Linguist, Physiker, Ägyptologe, Universalgenie: *„The Last Man Who Knew Everything"*.

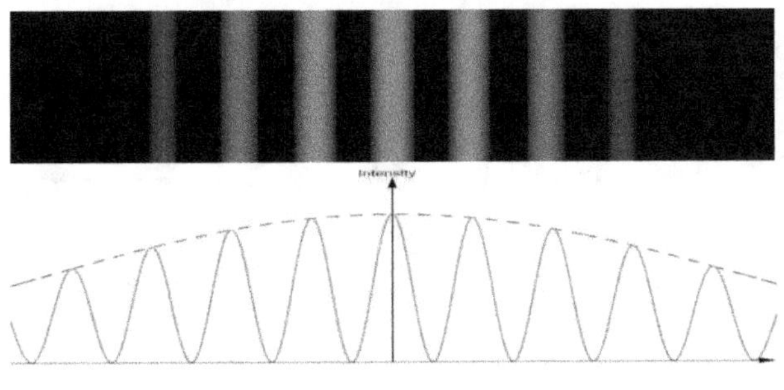

$$d = m \cdot \lambda \qquad d = \sin\varphi \cdot g$$

$$m \cdot \lambda = \sin\varphi \cdot g$$

$$\sin\varphi = m\,\frac{\lambda}{g}$$

Die Intensitätsmaxima liegen bei der *Beugung am Doppelspalt* unter den Winkeln: $\sin(\varphi) = m \cdot \dfrac{\lambda}{g}$, wobei d der Abstand der Gitterkonstante, λ die Wellenlänge und $m = 0, \pm 1, \pm 2, \pm 3, \pm 4, \ldots$ die Ordnung des Maximums ist.

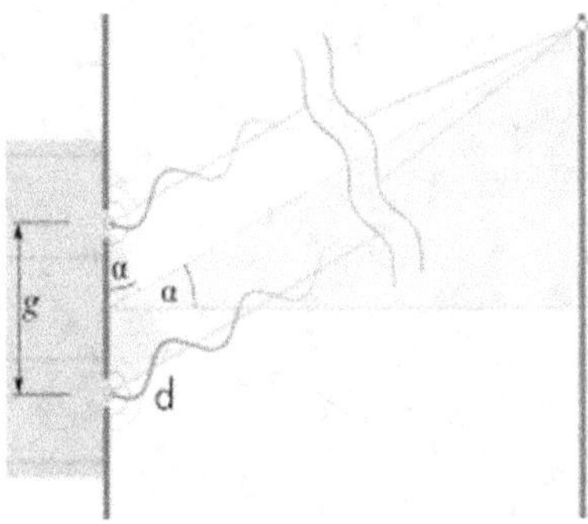

Beugung am Gitter

Optische Gitter sind periodische Strukturen, an denen
Licht gebeugt wird. Da der Beugungswinkel von der
Wellenlänge des Lichtes abhängt, dienen Gitter zur
Aufspaltung von Licht in seine verschiedenen
Spektralfarben. Im Alltag begegnet man ihnen zum
Beispiel auf CDs. Sie finden Anwendung in optischen
Messgeräten wie Spektroskopen und Spektrometern sowie
zur Analyse von Spektren sowie in der Datenübertragung.

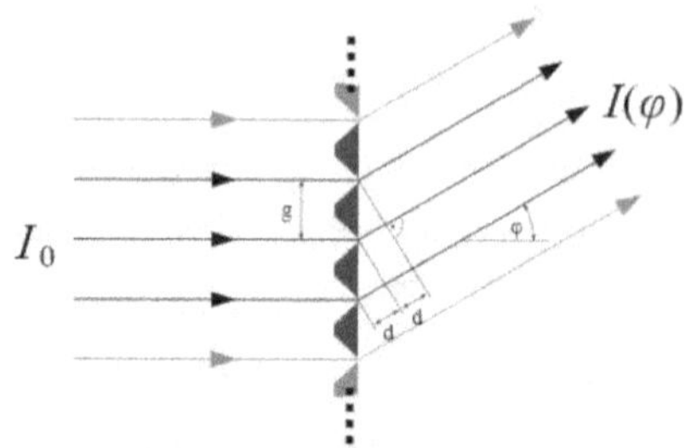

Die räumliche Periode, also der Abstand zwischen zwei Spalten im Gitter, wird Gitterkonstante g
genannt. Typische Werte der Gitterkonstanten sind ...$0{,}5\,\mu m$ bis $10\,\mu m$...

Die Intensitätsmaxima liegen bei der *Beugung am Gitter*

unter den Winkeln: $\sin(\varphi) = m \cdot \dfrac{\lambda}{g}$,

wobei g die Gitterkonstante, λ die Wellenlänge und
$m = 0, \pm1, \pm2, \pm3, \pm4, \ldots$ die Ordnung des
Maximums ist.

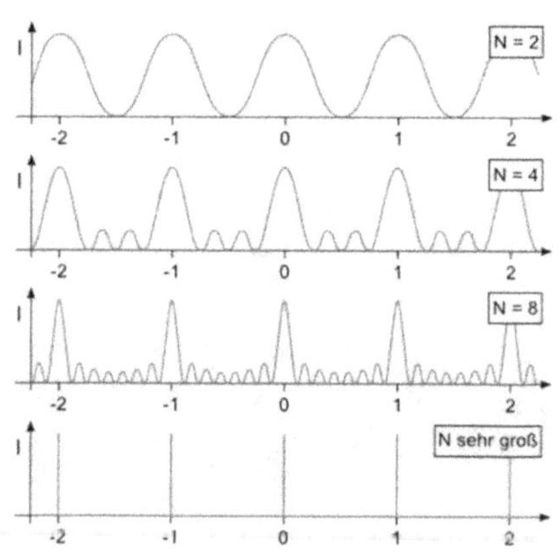

Ein Gitter trennt die Maxima mit der Anzahl Spalten pro
Längeneinheit immer klarer. Das Auflösungsvermögen
eines Gitters steigt also je ...kleiner... die
Gitterkonstante ist.

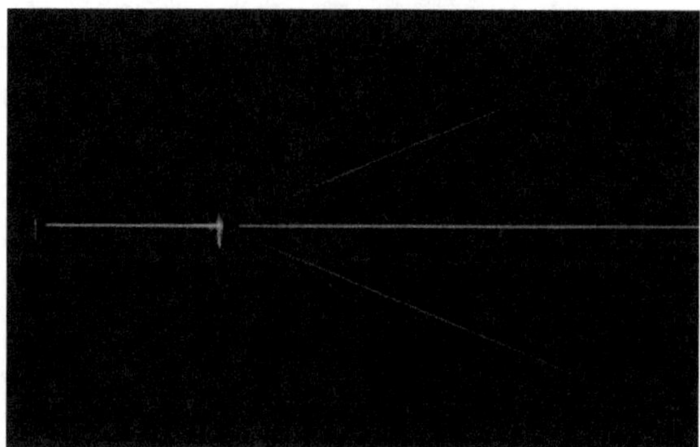

Beugung eines Laserstrahls an einem Gitter.

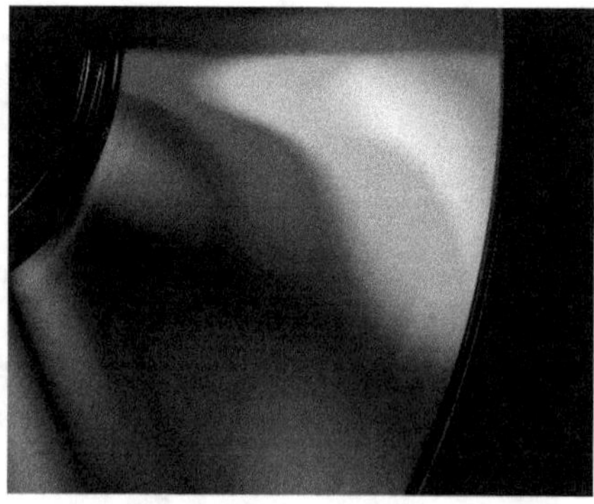

Beugung an einer CD-ROM.

Der Gittermonochromator

Ein Monochromator (griech.: mono = eins und chroma = Farbe) ist ein Gerät zur spektralen Isolierung einer bestimmten Wellenlänge aus einem Strahl. Beim abgebildeten Monochromator wird mit Hilfe eines Spalts (B) und eines Hohlspiegels (C) das polychromatische Licht (A) parallel auf ein Reflexionsgitter (D) geleitet, das die verschiedenen Wellenlängen in unterschiedlichen Winkeln beugt. Anschliessend wird das Licht über einen zweiten Hohlspiegel (E) und Spalt (F) selektiert. Durch Veränderung des Winkels des optischen Gitters können unterschiedliche Farben ausgewählt werden.

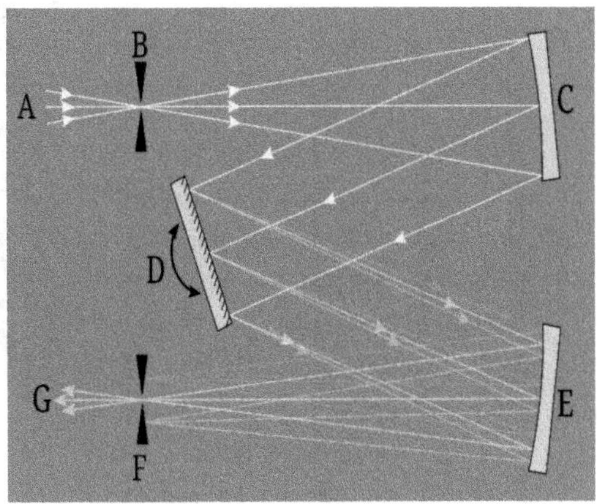

Beugung am Spalt

Bereits an einem einfachen Spalt tritt Beugung auf. Um die Intensitätsverteilung zu berechnen, müssten wir ein Integral lösen. Die Lage der Minima kann jedoch einfacher berechnet werden:

$$d = \frac{s}{2} \cdot \sin \varphi$$

$$2d = s \cdot \sin \varphi$$

$$d = k \cdot \frac{\lambda}{2}$$

$$k \cdot \lambda = s \cdot \sin \varphi$$

$$\sin \varphi = k \cdot \frac{\lambda}{s}$$

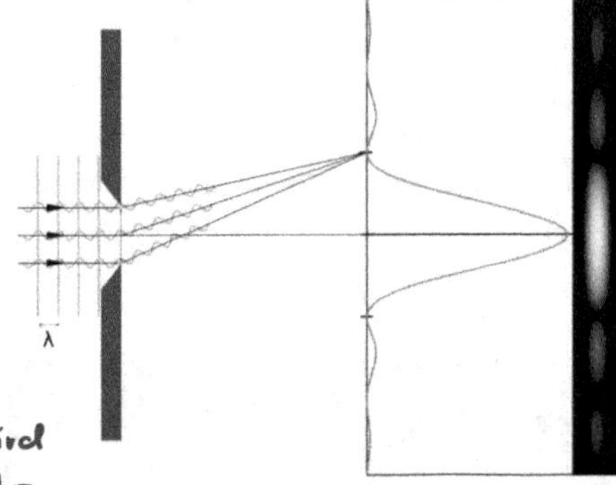

Der Strahl wird in zwei Teilstrahlen zerlegt, die sich weg interferieren.

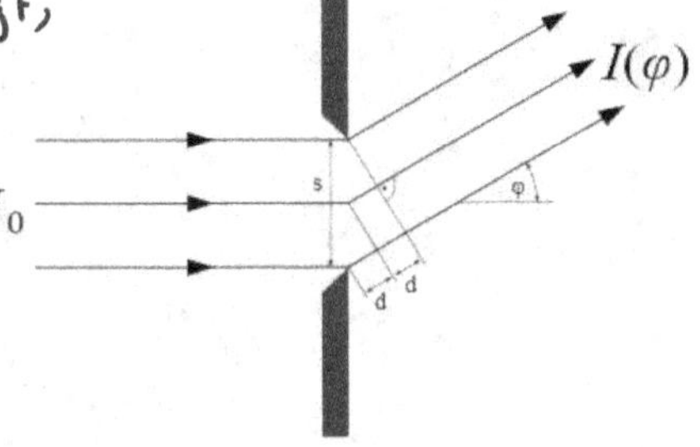

Die Intensitätsminima liegen bei der *Beugung am Spalt* unter den Winkeln:

$$\sin(\varphi) = k \cdot \frac{\lambda}{s}$$

wobei s die Spaltbreite, λ die Wellenlänge und k = ±1, ±2, ±3, ±4, … die Ordnung des Minimums ist.

Aufgabe 15: Rotes Licht eines Helium-Neon-Lasers ($\lambda = 632.8$ nm) wird an einem Doppelspalt gebeugt. Die Spalten haben einen Abstand von 2 µm.

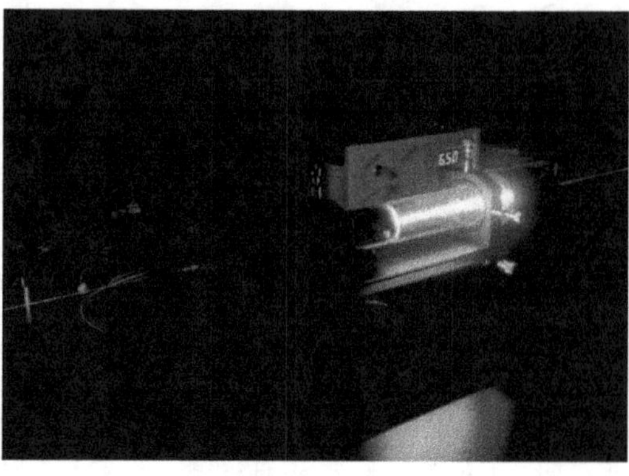

a) Berechne die Winkel, unter welchen die Intensitätsmaxima erscheinen.

b) Wie viele Intensitätsmaxima entstehen?

c) Wie verändert sich der Winkelabstand zwischen den Maxima, wenn der Abstand der Spalten grösser gemacht wird, d.h. liegen die Maxima dichter?

d) Spezielle Helium-Neon Laser emittieren grünes Licht ($\lambda = 543.5$ nm). Liegen die Maxima bei der Beugung am Doppelspalt mit dem grünen He-Ne-Laser dichter oder weniger dicht als mit dem roten He-Ne-Laser?

Aufgabe 16: Im Praktikum wird die Wellenlänge eines Laserpointers gemessen. Dazu wird ein Spalt von 0.20 mm Breite mit roten Laserlicht beleuchtet. Ein Schirm wird in einer Entfernung von 3.0 m vom Spalt positioniert. Dabei sind der Spalt und der Schirm parallel zueinander angeordnet und stehen senkrecht zum Laserstrahl. Die beiden Intensitätsminima 1. Ordnung haben einen Abstand von 1.9 cm zueinander. Wie gross ist die Wellenlänge des Laserlichts?

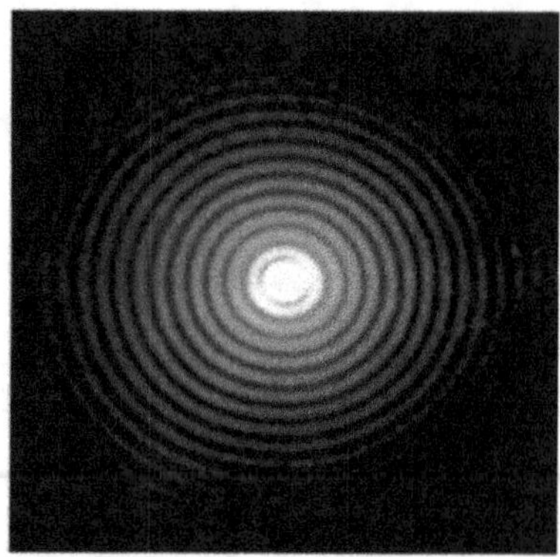

Beugung an einem runden Loch.

Auch an einem Stopp (hier ein Faden) tritt Beugung auf.

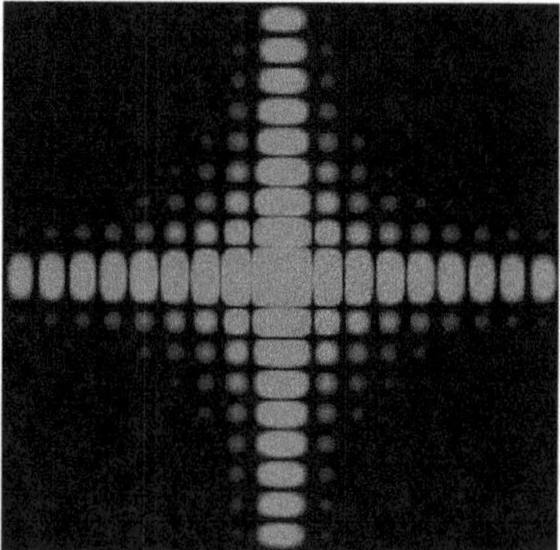

Beugung an einem quadratischen Loch.

Durch das Beugungsmuster verschwimmen die Grenzen zwischen dem reflektierten Licht von zwei nebeneinanderliegenden Spuren bzw. Vertiefungen. Damit zwei Punkte noch unterscheidbar sind, müssen sie mindestens durch ein Minimum im Beugungsmuster voneinander getrennt sein (Rayleigh-Kriterium Abb. B).

Die Beugungsminimum eines Spaltes liegen bei:

$$\sin(\varphi) = k \cdot \frac{\lambda}{d}$$

Das erste Minimum k = 1 liegt also bei:

$$\sin(\varphi) = \frac{\lambda}{d}$$

Und für kleine Winkel gilt: $\sin(\varphi) \approx \varphi$ und wir finden mit dem Winkel φ in Radianten:

$$\varphi \approx \frac{\lambda}{d} \qquad \textit{(Rayleigh-Kriterium für Spalten bzw. Dawes-Kriterium für Lochblenden)}$$

Aufgabe 17: Aus welcher Distanz kannst Du beim Augentest bei normaler Sehschärfe zwei Linien mit 1.0 mm Abstand noch deutlich getrennt erkennen? Die mittlere Lichtwellenlänge ist 550 nm und als Durchmesser der Irisöffnung nehmen wir 3.0 mm an.

Aufgabe 18: Bei der Apollo 15 Mission wurde auf dem Mond die Mondlandefähre und der „Lunar-Rover" zurückgelassen. Welchen Abstand müssten die Fähre und der Rover mindestens haben, damit sie mit dem Very Large Telescope VLT in Chile getrennt wahrgenommen werden können? Wenn beim VLT die vier Spiegel gekoppelt werden, entspricht dies einem Einzelteleskop mit d = 16 m Durchmesser. Die Wellenlänge des Lichts beträgt 550 nm.

Aufgabe 19: Welches Auflösungsvermögen hat ein Mikroskop mit einem Objektiv mit einem Öffnungswinkel von $\alpha = 50°$ ($\lambda = 550$ nm)?

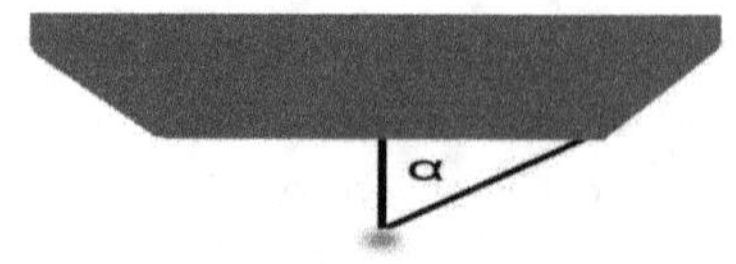

Aufgabe 20: Auf optischen Datenträgern wie der CD, DVD und BD (Blu-ray Disc) wird Information durch eine Abfolge von Vertiefungen (Pit) in der Oberfläche gespeichert. Diese Vertiefungen werden mit einem Laserstrahl abgetastet, um die binäre Information auszulesen. Dabei wird der Lichtstrahl nicht nur wie gewünscht an der Oberfläche reflektiert, sondern auch am periodischen Gitter gebeugt. Der Spurabstand beträgt bei der CD 1.60 µm, bei der DVD 0.74 µm und bei der BD 0.32 µm. Die CD wird mit einem infraroten Laser ($\lambda = 780$ nm), die DVD mit einem roten Laser ($\lambda = 650$ nm) und die BD mit einem violetten Laser ($\lambda = 405$ nm) ausgelesen.

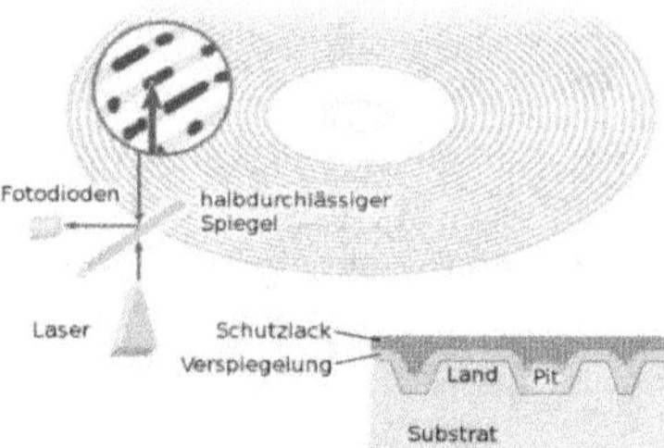

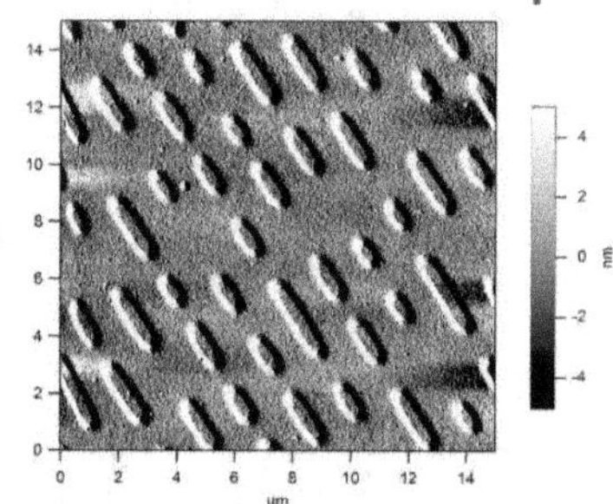

a) Unter welchem Winkel erwartest Du das erste Beugungsmaximum, wenn mit dem entsprechenden Laser senkrecht auf eine CD, DVD bzw. BD geleuchtet wird?

b) Erstelle eine Tabelle mit dem Beugungswinkel des ersten Minimums für die CD, der DVD und der BD sowohl für Beleuchtung mit dem roten wie auch dem violetten Laser. Wir gehen davon aus, dass es sich um Spalten mit der Breite des Spurabstands handelt.

Der von der Scheibe reflektierte Strahl wird mit einer Linse auf einen Detektor gebündelt. Damit zwei Punkte auf dem Datenträger unterschieden werden können, muss die Linse neben dem zentralen Maximum mindestens das erste Beugungsminimum detektieren.

c) Die Linse, die in einem DVD-Laufwerk eingesetzt wird, hat einen halben Öffnungswinkel von $\theta = 30°$ (siehe Abbildung). Lässt sich mit dieser Optik ein BD-Laufwerk bauen?

d) Eine moderne Optik, wie sie im BD-Laufwerk eingesetzt wird, hat einen halben Öffnungswinkel von $\theta = 40°$. Lässt sich ein Blu-ray Laufwerk mit dieser Optik bauen? Könnte dazu auch ein roter Laser verwendet werden?

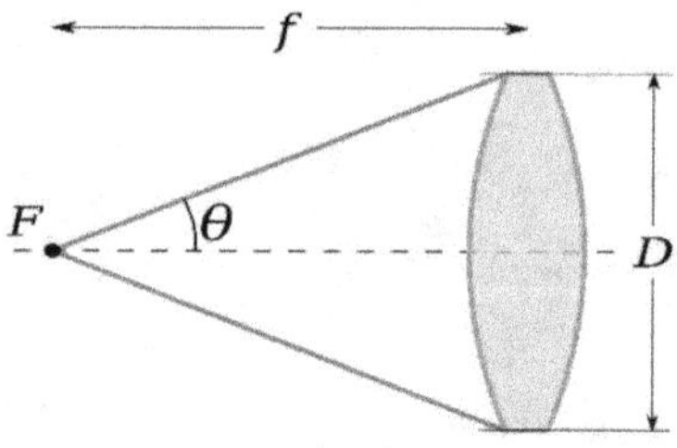

e) Eine CD mit einem Durchmesser von 12 cm kann 700 MB Daten aufnehmen. Was würdest Du schätzen, welche Datenmenge eine Blu-ray Disc mit denselben Abmessungen aufnehmen kann? Schätze die Datenmenge mithilfe der typischen Grösse der Vertiefungen auf dem Datenträger.

5. Interferenz an dünnen Schichten

Newton'sche Ringe

Newton'sche Ringe sind hell-dunkel-Zonen oder Interferenz-
farben, die durch Interferenz am Luftspalt zwischen
zwei reflektierenden, nahezu parallelen Oberflächen
entstehen.

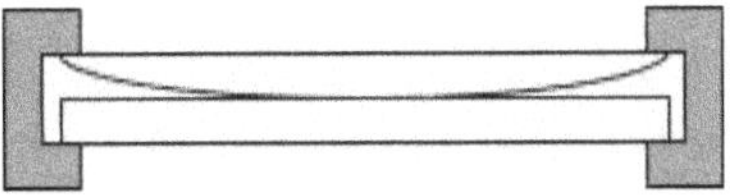

Die Ringe entstehen durch Interferenz an der oberen und unteren Grenzfläche des Luftkeils. Da je
nach Wellenlänge konstruktive bzw. destruktive Interferenz auftritt, entstehen farbige Ringe.

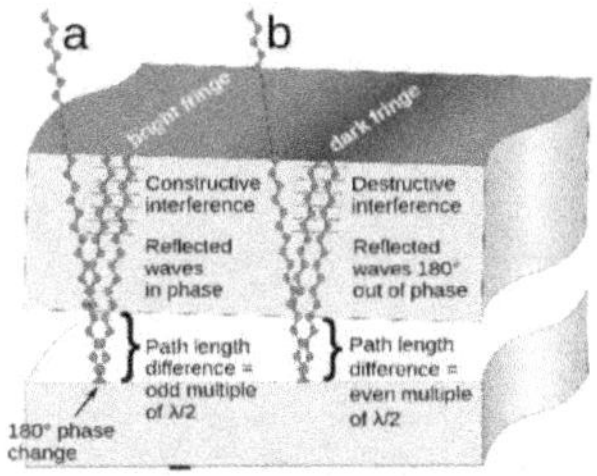

a) destruktive und b) konstruktive
Interferenz an einem Luftspalt.

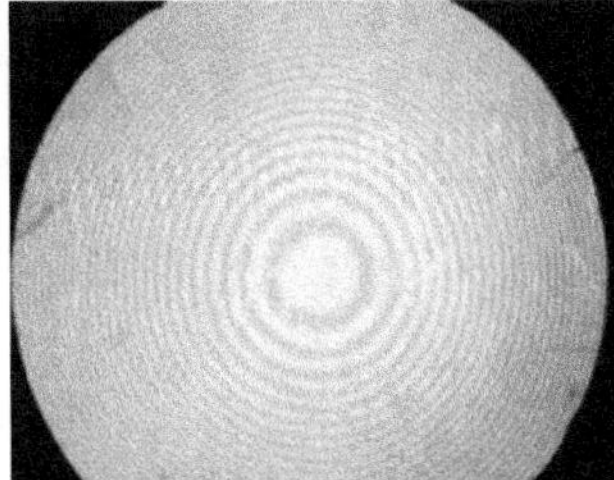

Newton Ringe bei monochroma-
tischer (gelber) Beleuchtung.

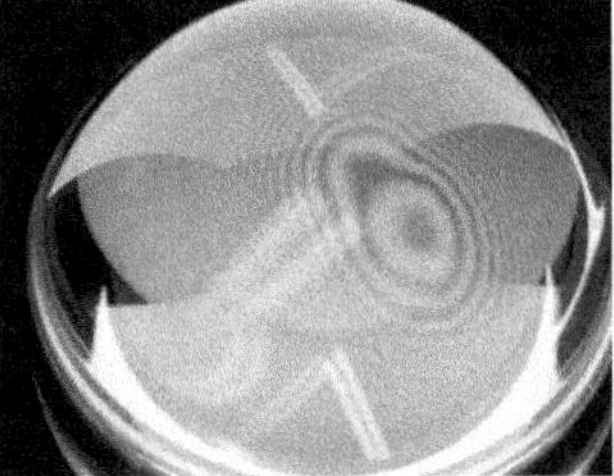

Bei Beleuchtung mit weissem Licht
entstehen farbige Newtonringe.

Dünne Schichten

An einer *dünnen Schicht* ($d \approx \lambda$) mit Brechungsindex n_1 auf
einem Substrat mit Brechungsindex n_2 tritt sowohl in
der Reflexion wie auch in der Transmission Interferenz
auf. Dabei überlagern sich die an den Schichtgrenzen
reflektierten bzw. gebrochenen Strahlen.

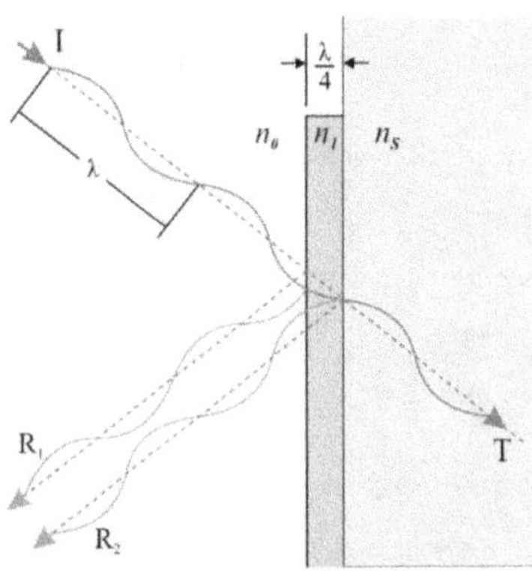

Die Effekte dünner Schichten lassen sich an Benzinlachen
und Seifenblasen etc. beobachten. In der Technik finden sie
Anwendung in Antireflexbeschichtungen und wellenlängen-
selektiven Spiegeln, wie beispielsweise Kaltlichtfiltern.
Dünne Schichten werden durch Verfahren wie Aufdampfen,
Sputtern oder Sol-Gel-Beschichtung hergestellt.

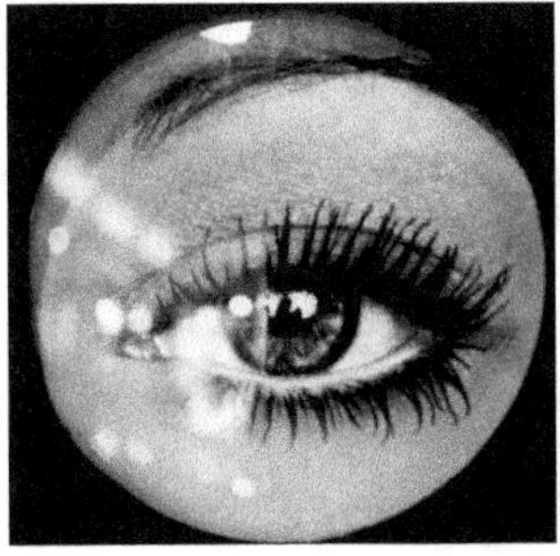

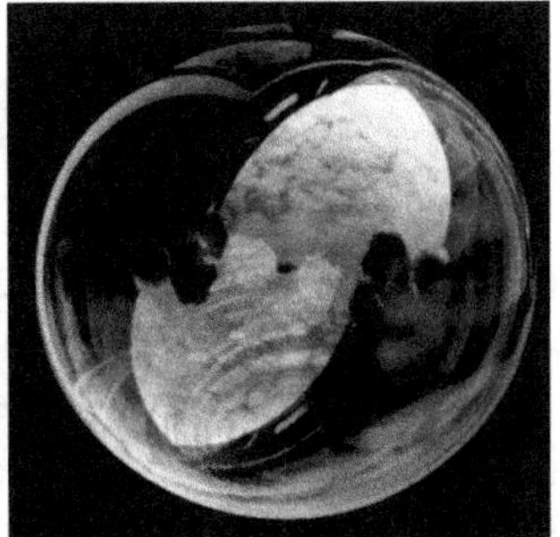

6. Polarisation

Die Polarisation einer Transversalwelle
beschreibt die Richtung ihrer Schwingung.
Bei linear polarisiertem Licht schwingen alle
Wellen in einer einzigen Ebene, deren
Richtung konstant bleibt. Licht kann bei-
spielsweise durch den Einsatz geeigneter
Filter polarisiert werden.

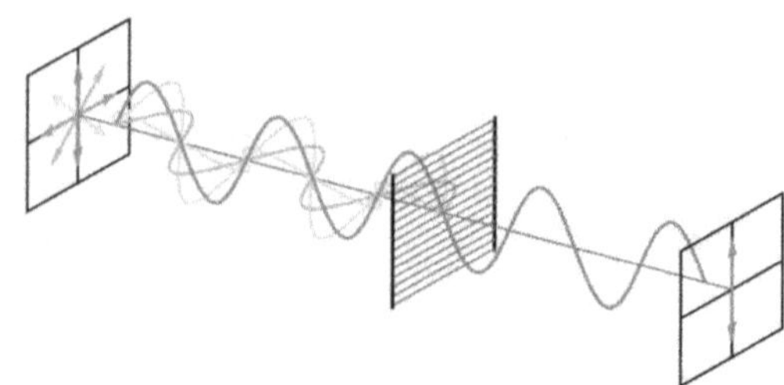

Experiment von Malus

Polarisation bei Reflexionen

$$\frac{\sin \alpha_E}{\sin \alpha_B} = \frac{n_B}{n_E}$$

Für den Brewster-Winkel

gilt: $\alpha_E + \alpha_B = 90°$ und $\alpha_E = \alpha_P$

$$n_E \sin \alpha_P = n_B \sin(90° - \alpha_P)$$

$$= n_B \cos \alpha_P$$

$$\frac{\sin \alpha_P}{\cos \alpha_P} = \tan \alpha_P = \frac{n_B}{n_E}$$

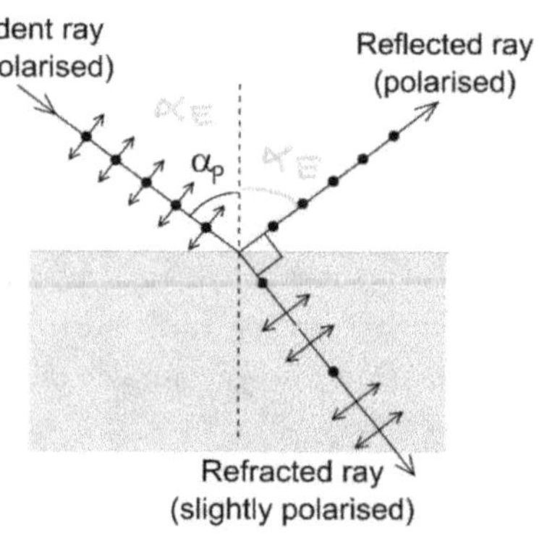

Trifft unpolarisiertes Licht unter dem *Brewster-Winkel* α_p auf die Grenzfläche zweier dielektrischer Medien, so wird nur der senkrecht zur Einfallsebene polarisierte Anteil reflektiert und das reflektierte Licht ist dann linear polarisiert. $\tan(\alpha_p) = \frac{n_B}{n_E}$

Aufnahme ohne Polarisationsfilter.

Aufnahme mit Polarisationsfilter.

Die Polarisation des Himmelslichts

Das Sonnenlicht trifft auf Teilchen in der Atmosphäre und wird an diesen gestreut. Steht der gestreute Strahl senkrecht auf dem einfallenden, so ist das gestreute Licht polarisiert, da sich nur der transversale Anteil ausbreiten kann.

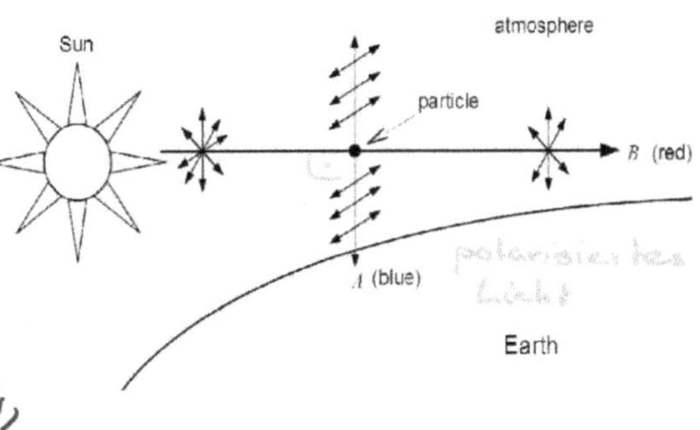

Aufnahme ohne Polarisationsfilter.

Aufnahme mit Polarisationsfilter.

Optische Aktivität

Aufgabe 21: Die optische Aktivität ist eine Eigenschaft gewisser durchsichtiger Materialien, die Polarisationsrichtung des Lichts zu drehen. Beim Durchgang von linear polarisiertem Licht durch ein optisch aktives Medium wird die Polarisationsebene des Lichts an jedem Molekül geringfügig gedreht. Bei chiralen Molekülen summiert sich dieser Effekt, was zu einer messbaren Drehung der Polarisationsebene führt. Der Drehwinkel kann mit einem Polarimeter gemessen werden.

Wird eine Traubenzuckerlösung durchstrahlt, so ist der Drehwinkel proportional zur durchstrahlten Strecke d und zur Konzentration c der Lösung. Beispielsweise führt eine Traubenzuckerlösung, die 1.00 g Traubenzucker in 100 cm³ enthält, bei einer durchstrahlten Strecke von $d = 20$ cm zu einer Drehung der Polarisationsebene um 1.33°. In einem Experiment wird eine Küvette mit $d = 10$ cm mit einer Traubenzuckerlösung von polarisiertem Licht durchstrahlt. Es wird eine Drehung der Polarisationsebene von 6.0° gemessen. Bestimme daraus die Konzentration der Lösung in g/cm³ und in mol/cm³. Die chemische Formel von Traubenzucker lautet $C_6H_{12}O_6$.

Doppelbrechung

Doppelbrechung ist die Fähigkeit optischer Medien, ein Lichtbündel in zwei rechtwinklig zueinander polarisierte Teilbündel zu trennen. Ein bekanntes Beispiel für ein solches Material ist Calcit (Kalkspat, auch Doppelspat), an dem die Doppelbrechung 1669 von Erasmus Bartholin entdeckt wurde.

Doppelbrechung tritt in optisch Medien auf, die für unterschiedliche Polarisationen und Richtungen des eingestrahlten Lichts unterschiedliche Brechungs-indizes aufweisen. Dabei wird der Licht-strahl in einen ordentlichen und einen ausserordentlichen Strahl aufgespalten. Für den ordentlichen Strahl gilt das Brechungsgesetz, das bedeutet, dass er bei senk-rechtem Einfall auf den doppelbrechenden Kristall nicht gebrochen wird. Der ausserordentliche Strahl hingegen folgt nicht dem Brechungsgesetz und wird auch bei senkrechtem Einfall auf den Kristall gebrochen.

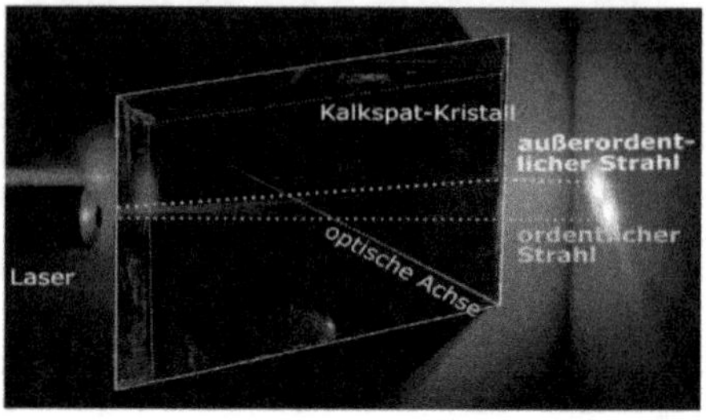

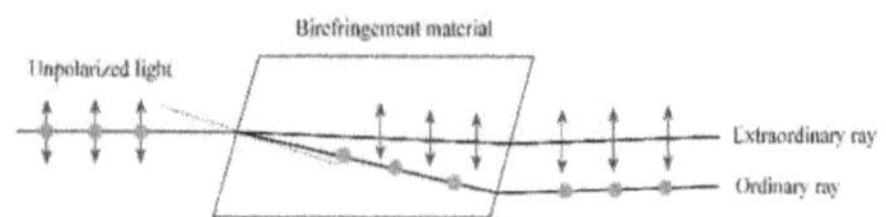

Spannungsoptik

Die Spannungsoptik ist ein Verfahren der Konstruk-tionslehre, in dem durch die Verwendung von pola-risiertem Licht die Spannungsverteilung in licht-durchlässigen Körpern untersucht wird. An transpa-renten Werkstückmodellen werden bei mechani-scher Belastung Stellen besonders hoher Beanspru-chung sichtbar. Grundlage bildet die Eigenschaft vieler Materialien, bei mechanischen Spannungen doppelbrechend zu werden. Dadurch wird die Polarisationsebene einfallenden Lichts gedreht. Das kann mit Polarisatoren sichtbar gemacht werden.

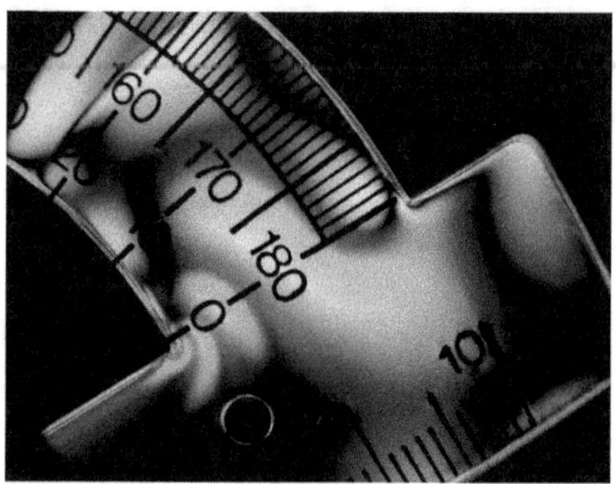

Lösungen

1. $c = 1.716 \cdot 10^8$ m/s, $\lambda = 346.8$ nm

2. Lichtstrahlen unterschiedlicher Wellenlängen werden aufgrund der Dispersion unterschiedlich stark gebrochen, was zu verschiedenen Brennweiten führt. In einer Linse wird kurzwelliges (blaues) Licht stärker gebrochen als langwelliges (rotes) Licht, sodass die Brennweite für blaues Licht kürzer ist als für rotes. Hohlspiegel hingegen fokussieren Licht durch Reflexion statt Brechung. Bei der Reflexion bleibt der Winkel des reflektierten Lichts unabhängig von der Wellenlänge konstant und es tritt keine Aberration auf.

3. Die bikonvexe Linse (links, hellblau) besteht aus Kronglas und der Meniskus (rechts, dunkelblau) besteht aus Flintglas.

4. a) grün
   b) weiss

5. a) $\text{Gelb} = \begin{pmatrix} 1 \\ 1 \\ 0 \end{pmatrix}$ $\quad \text{Cyan} = \begin{pmatrix} 0 \\ 1 \\ 1 \end{pmatrix}$ $\quad \text{Magenta} = \begin{pmatrix} 1 \\ 0 \\ 1 \end{pmatrix}$

   b) $\text{Weiss} = \begin{pmatrix} 1 \\ 1 \\ 1 \end{pmatrix}$ $\quad \text{Schwarz} = \begin{pmatrix} 0 \\ 0 \\ 0 \end{pmatrix}$ $\quad \text{Grau} = \begin{pmatrix} a \\ a \\ a \end{pmatrix}$

6. a) $\text{Blau} = \begin{pmatrix} 1 \\ 1 \\ 0 \end{pmatrix}$ $\quad \text{Rot} = \begin{pmatrix} 0 \\ 1 \\ 1 \end{pmatrix}$ $\quad \text{Grün} = \begin{pmatrix} 1 \\ 0 \\ 1 \end{pmatrix}$

   b) $\text{Weiss} = \begin{pmatrix} 0 \\ 0 \\ 0 \end{pmatrix}$ $\quad \text{Schwarz} = \begin{pmatrix} 1 \\ 1 \\ 1 \end{pmatrix}$ $\quad \text{Grau} = \begin{pmatrix} k \\ k \\ k \end{pmatrix}$

7. a) Gelb.
   b) Schwarz.

8. Das virtuelle Bild wird durch Spiegeln der Lampe konstruiert. Einfalls- und Reflexionswinkel sind gleich gross.

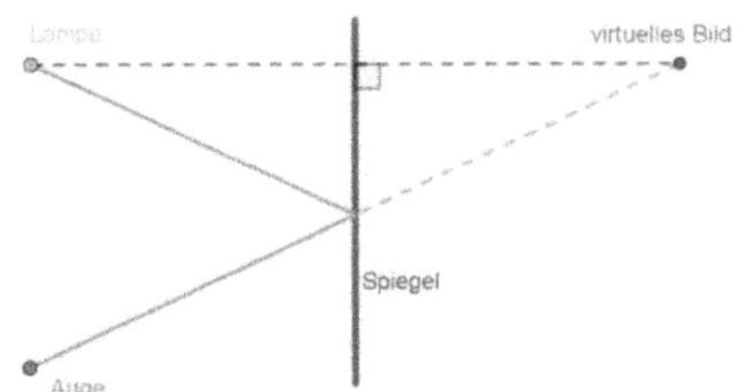

9. $\alpha = 67°$

10. $\alpha = 1.33$, also vermutlich Wasser

11. $91.6°$

12. $\alpha = 22°$

13. $\dfrac{\sin(\alpha_E)}{\sin(\alpha_B)} = \dfrac{n_B}{n_E}$ mit $\alpha_B = 90°$ und $\alpha_E = \alpha_G$

   $\Rightarrow \dfrac{\sin(\alpha_E)}{\sin(90°)} = \dfrac{n_B}{n_E} \Rightarrow \dfrac{\sin(\alpha_E)}{1} = \dfrac{n_B}{n_E}$

   $\Rightarrow \sin(\alpha_G) = \dfrac{n_B}{n_E}$

14. $\alpha_G = 48.8°$ (Wasser–Luft)
    $\alpha_G = 24.4°$ (Diamant–Luft)

15. a) $0°, \pm18.45°, \pm39.26°, \pm71.66°$
    b) 7 Maxima
       (1 Hauptmaximum und 2 mal 3 Nebenmaxima)
    c) Der Winkelabstand wird kleiner.
       Die Maxima liegen dichter.
    d) Der Winkelabstand wird kleiner.
       Die Maxima liegen dichter.
    Grafische Darstellungen dazu:
    a) $d = 2$ µm, $\lambda = 632.8$ nm

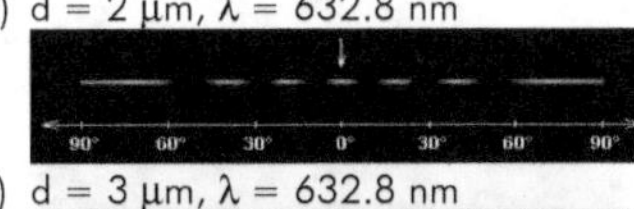

    c) $d = 3$ µm, $\lambda = 632.8$ nm

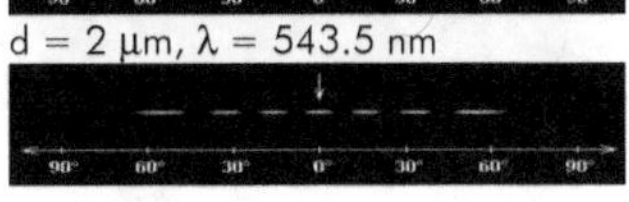

    d) $d = 2$ µm, $\lambda = 543.5$ nm

16. $\lambda = 633$ nm

17. $d = 5.45$ m

18. $d = 13.2$ m

19. $d = 718$ nm $= 7.18 \cdot 10^{-7}$ m
    typische Zelle: 1 bis 10 µm
       $= 1 \cdot 10^{-6}$ bis $1 \cdot 10^{-5}$ m
    typisches Atom: 50 bis 500 pm
       $= 5 \cdot 10^{-11}$ bis $5 \cdot 10^{-10}$ m

20. a) CD: 29.2
       DVD: 61.7°
       BD: Es entsteht nur das zentrale Beugungsmaximum (nullte Ordnung) und keine Beugungsmaxima höherer Ordnung.
    b) Winkel, unter dem das erste Beugungsminimum gesehen wird:

	Rot (650 nm)	Violett (405 nm)
CD	11.7°	7.3°
DVD	26.1°	15.9°
BD	–	39.4°

    c) Der Winkel des ersten Beugungsminimums (39.4°) liegt ausserhalb des halben Öffnungswinkels der Linse (30°). Daher kann diese Linse nicht verwendet werden, um ein BD-Laufwerk zu bauen.
    d) Da der Winkel des ersten Beugungsminimums (39.4°) innerhalb des halben Öffnungswinkels der modernen Optik (40°) liegt, kann diese Optik für ein BD-Laufwerk verwendet werden.
       Da es kein Beugungsminimum bei dieser Wellenlänge gibt, kann mit keiner Optik der Datenträger ausgelesen werden.
    e) $0.7\,\text{GB} \cdot \left(\dfrac{1.6}{0.32}\right)^2 \approx 17.5$ GB

21. $c = 90$ mg/cm^3
    $c = 5.0 \cdot 10^{-4}$ mol/cm^3

Bildquellen

Seite 1   „Seifenblase", T. Meuel et al. „Intensity of vortices: from soap bubbles to Hurricanes", Nature Scientific Reports, 3455 (2013) (Creative Commons BY-NC-ND 3.0)

Seite 2   „Strahlenbündel" von Dietmar Rabich via Wikimedia Commons (Creative Commons BY-SA 4.0)
„Brechung und Reflexion" von Zátonyi Sándor via Wikimedia Commons (Creative Commons BY-SA 3.0)

Seite 3   „EM-Wellen" nach Parri via Wikimedia Commons (Creative Commons BY-SA 3.0)
„EM-Spektrum" von Horst Frank via Wikimedia Commons (Creative Commons BY-SA 3.0)

Seite 4   „Dispersion" nach Cepheiden via Wikimedia Commons (Public Domain)
„Prisma" von Zátonyi Sándorvia Wikimedia Commons (Creative Commons BY-SA 3.0)
„Schematisches Prisma" von Suidroot via Wikimedia Commons (Creative Commons BY-SA 3.0)

Seite 5   „Chromatische Abberation" von DrBob via Wikimedia Commons (Creative Commons BY-SA 3.0)
„Achromat" von Dr. Bob via Wikimedia Commons (Creative Commons BY-SA 3.0)
„Minolta MC Tele Rokkor" von smial via Wikimedia Commons (Public Domain)

Seite 6   „Raytracing an einer Kugel" von S.Wetzel via Wikimedia Commons (Creative Commons BY-SA 4.0)
„Farben an einem Regentropfen", kein Autor genannt via Wikimedia Commons (CC BY-SA 4.0)
„Regenbogen" von Alexis Dworsky via Wikimedia Commons (Creative Commons BY 2.0 de)
„Ende des Regenbogens" von Wing-Chi Poon via Wikimedia Commons (Creative Commons BY-SA 2.5)

Seite 7   „Stäbchen und Zäpfchen", kein Autor genannt via Wikimedia Commons (Creative Commons BY-SA 4.0)
„Farbmischung" von Quark67 via Wikimedia Commons (Creative Commons BY-SA 3.0)

Ergänzende Bemerkungen

Im Folgenden werden inhaltliche Ergänzungen, Präzisierungen und Kommentare gegeben. Die Auswahl ist eher eklektisch. Es handelt sich um Themen, die mich fasziniert und beschäftigt haben, und manchmal auch um solche, bei denen ich mich besonders intensiv damit auseinandersetzen musste, um sie zu verstehen. Sie gehen oft über den Rahmen des Mittelschulunterrichts hinaus. Meiner Meinung nach ist jedoch eine fundierte Kenntnis des Stoffes wichtig, um einen terminologisch und inhaltlich präzisen Unterricht zu gewährleisten.

Hinweise für Lehrpersonen

Einführung in die Wellenlehre

Dieses Skript führt nur die Grundlagen der Wellenlehre ein und ist für Lehrpersonen selbsterklärend. Daher folgen nur einige wenige Hinweise.

Seite 2   *Ruhelage:* Das Wort „Ruhelage" bei einer harmonischen Schwingung hat mich immer etwas irritiert, da das Pendel an diesem Punkt seine maximale Geschwindigkeit hat und somit keineswegs in Ruhe ist. Gemeint ist natürlich, dass das Pendel bei einer gedämpften Schwingung in dieser Lage schliesslich zur Ruhe käme. Ich bevorzuge daher den Begriff „Gleichgewichtslage", da sich der Schwinger an diesem Punkt im Kräftegleichgewicht befindet.

Seite 5   *Cosinus:* Eine Schwingung wird als harmonisch bezeichnet, wenn ihr Verlauf durch eine sinusoide Funktion beschrieben wird. Häufig wird dabei die Sinusfunktion gewählt und die zeitliche Lage durch Phasenverschiebung angepasst. Auf die Behandlung der Phasenlage wird hier jedoch bewusst verzichtet. Für die Beschreibung eines Pendels erscheint mir die Cosinusfunktion jedoch besser als die Sinusfunktion, da so das Pendel zum Zeitpunkt null in seiner maximalen Auslenkung startet.

Seite 14   *Tacoma-Narrows-Brücke:* Der Einsturz der Tacoma-Narrows-Brücke im Jahr 1940 wird häufig als Beispiel für eine Resonanzkatastrophe angeführt (wie auch im vorliegenden Skript). Allerdings wurde die Schwingung nicht durch eine externe Kraft erzwungen, sondern es handelte sich um eine selbsterregte Schwingung. Von einer selbsterregten Schwingung spricht man, wenn die Periode der Energiezufuhr durch den Schwingungsvorgang selbst gesteuert wird.

Seite 20   *Gleichschwebende Stimmung:* Eine wohltemperierte Stimmung ist ein temperiertes Stimmungssystem für Musikinstrumente mit festen Tonhöhen (wie Klavier, Orgel, Harfe u.a.), das im Gegensatz zur reinen Stimmung die uneingeschränkte Verwendung aller Tonarten ermöglicht. Dabei werden einige Intervalle „temperiert" gestimmt, das heisst, sie weichen geringfügig von ihrer akustischen Reinheit ab. Die gebräuchliche gleichschwebende Stimmung löst dieses Problem, indem sie die Abweichungen gleichmässig auf alle Halbtöne verteilt.

Seite 24   *Abstandsgesetz:* Das Abstandsgesetz lässt sich leicht aus der Energieerhaltung herleiten. Die Schallleistung P muss im stationären Fall unabhängig vom Abstand r von der Quelle sein. Es gilt also: $P = P_0 \;\Rightarrow\; J \cdot A = J_0 \cdot A_0 \;\Rightarrow\; J \cdot 4\pi r^2 = J_0 \cdot 4\pi r_0^2 \Rightarrow J \cdot r^2 = J_0 \cdot r_0^2$.

Lautheit: Die Lautstärke ist eine umgangssprachliche Bezeichnung für die physikalische Stärke eines Schallereignisses oder psychoakustische Stärke eines Hörereignisses. Physikalisch ist die Lautstärke quantifizierbar als Schalldruck bzw. als Schalldruckpegel. Die vom Menschen wahrgenommen wird als Lautheit bezeichnet. Die Psychoakustik beschäftigt sich mit dem Zusammenhang zwischen der menschlichen Empfindung und den physikalischen Messgrössen der Lautstärke.

Seite 32 *Mach'scher Kegel:* Oft werden Bilder von Wellen hinter schwimmenden Enten oder anderen Wasservögeln als Beispiele für den Mach'schen Kegel verwendet. Allerdings handelt es sich hierbei um ein anderes Phänomen: den Kelvin-Kegel. Der Öffnungswinkel dieses Kegels beträgt bei niedrigen Geschwindigkeiten, unabhängig von der Geschwindigkeit des bewegten Objekts (hier der Ente), stets $19.47°$. Zudem bewegt sich die Ente nicht schneller als die Ausbreitungsgeschwindigkeit der Wellen im Wasser.

Seite 34 *Wolkenscheiben Effekt:* Der Wolkenscheibeneffekt ist das Auftreten einer Wolke aus Wassernebel mit der charakteristischen Form eines Kegels um Flugkörper, die sich mit Überschallgeschwindigkeit bewegen. Das Phänomen folgt der Front der Stosswelle des Mach'schen Kegels. Diese Stosswelle ist eine abrupte Druckänderung, die eine vorübergehende Abkühlung (adiabatische Zustandsänderung) der Luft vor sich bewirkt und eine sofortige Kondensation der Luftfeuchtigkeit verursacht: In dem Bereich entstehen winzige Wassertröpfchen und bilden eine grosse Wolke, die die Stosswelle umgibt. Da die Temperatur lokal den Taupunkt unterschreitet, kondensiert der Wasserdampf als Nebel. Nach dem Durchgang der Stosswelle stellt sich wieder der normale Druck und damit Temperatur ein, wodurch die feinen Nebeltröpfchen fast augenblicklich wieder verdunsten, sich also der Nebel wieder auflöst. Bei Flugkörpern scheint die Wolkenscheibe den Flugkörper zu begleiten. Tatsächlich gilt das für die räumliche Nebelzone, jedoch sind die beteiligten Luftmassen und Nebeltröpfchen fortlaufend neue.

Fortgeschrittene Wellenlehre

Dieses Skript behandelt weitgehend dieselben Inhalte wie das Skript *Einführung in die Wellenlehre.* Der Stoff wird jedoch mathematisch anspruchsvoller aufbereitet und richtet sich speziell an Schülerinnen und Schüler mit dem Schwerpunktfach bzw. Leistungskurs Mathematik und Physik. Anhand der Wellenlehre wird exemplarisch verdeutlicht, wie Konzepte der höheren Mathematik in der Physik Anwendung finden.

Seite 2 *Differentialgleichungen:* Um die Bewegungsgleichung des harmonischen Oszillators zu lösen, müssen die Schülerinnen und Schüler nicht zwingend mit Differentialgleichungen vertraut sein. Es genügt, wenn sie in der Lage sind, Funktionen abzuleiten. Gesucht ist eine Funktion, die die Differentialgleichung des harmonischen Oszillators erfüllt. Konkret wird eine Funktion gesucht, die nach zweimaligem Ableiten bis auf das Vorzeichen wieder sich selbst ergibt. In der Regel erkennen die Schülerinnen und Schüler von selbst, dass eine Sinus- oder Cosinusfunktion diese Bedingung erfüllt.

Seite 3 *Energieerhaltung am Pendel:* Üblicherweise betrachten wir ein Federpendel aus einem Bezugssystem, in dem die Aufhängung des Pendels ruht. Dabei hat das Federpendel beim Durchgang durch die Gleichgewichtslage ausschliesslich kinetische Energie und in den beiden Extrempositionen nur potentielle Energie (Lage- und Spannenergie). Der Nullpunkt sowohl der Lageenergie als auch der kinetischen Energie ist jedoch nicht eindeutig festgelegt. Eine Verschiebung des Nullpunkts der Lageenergie ist unproblematisch und fügt lediglich eine additive Konstante zur Gesamtenergie des Pendels hinzu.

Betrachten wir das Pendel jedoch aus einem bewegten Bezugssystem, das sich in dieselbe Richtung und mit derselben Geschwindigkeit v bewegt wie das Pendel die Gleichgewichtslage durchquert, so bleibt die Energie des Pendels nicht erhalten. In der einen
Richtung des Durchgangs durch die Gleichgewichtslage hat das Pendel keine kinetische
Energie, da es in diesem Bezugssystem ruht. Bewegt sich das Pendel jedoch in der entgegengesetzten Richtung durch die Gleichgewichtslage, so hat es eine viermal so grosse
kinetische Energie, nämlich $\frac{1}{2} \cdot m(2v)^2 = 2 \cdot mv^2$, wie im Bezugssystem, das gegenüber
der Aufhängung des Pendels ruht. Dies liegt daran, dass nicht das Gesamtsystem
betrachtet wurde. Das Pendel ist beispielsweise auf der Erde an einem Stativ befestigt.
Das Gesamtsystem besteht aus Pendelmasse, Feder und Erde. Es wurde implizit angenommen, dass die Masse der Erde unendlich gross ist und diese keine Energie aufnehme. Tatsächlich kann eine unendlich grosse Masse jedoch jede beliebige Energiemenge aufnehmen. Wenn wir die Energie des gesamten Systems – also Pendelmasse,
Feder und Erde – betrachten, so bleibt die Energie in jedem Bezugssystem erhalten. Mit
der Vereinfachung, eine sehr grosse Masse als unendlich anzunehmen, muss das
Bezugssystem zwingend im Ruhesystem dieser unendlichen Masse liegen, damit die
Energieerhaltung gewährleistet ist.

Seite 4   *Richtgrösse vs. Federkonstante:* Das vorliegende Skript unterscheidet zwischen der
Richtgrösse k und der Federkonstanten D. Die Richtgrösse ist eine rein mathematische
Proportionalitätskonstante, die je nach physikalischem System unterschiedliche Werte
annehmen kann. Im linearen Bereich einer Feder gilt k = D. Bei anderen schwingenden
Systemen hingegen wird die Richtgrösse jedoch durch andere Grössen bestimmt, so
zum Beispiel beim Fadenpendel.

   Taylor-Reihe: Die Schülerinnen und Schüler müssen das Konzept der Taylorreihe nicht
unbedingt beherrschen, um die Kleinwinkelnäherung zu verstehen. Es kann leicht
vermittelt werden, dass die Sinusfunktion in der Nähe von $\varphi = 0$ durch eine Gerade
angenähert werden kann.

Seite 7   *Funktionsgleichung der linearen Welle:* Die Wellenfunktion beschreibt in der Quantenmechanik den Zustand eines Systems. Die Wellengleichung hingegen ist eine partielle
Differentialgleichung, die Wellenphänomene wie mechanische oder elektromagnetische
Wellen in der klassischen Physik (D'Alembert-Gleichung) oder Materiewellen in der
Quantenmechanik (Schrödinger-Gleichung) beschreibt. Daher bezeichne ich die
Gleichung der momentanen Elongation einer Welle als Funktionsgleichung der Welle.

   Wellenzahl: Analog zu den Grössen Frequenz und Kreisfrequenz müsste die Wellenzahl
die Anzahl Wellen pro Längeneinheit und die Kreiswellenzahl den durchlaufenen Winkel
in Radianten pro Längeneinheit bezeichnen. Die Grösse Wellenzahl $\tilde{\nu}$ (die Anzahl
Wellen pro Längeneinheit) wird fast ausschliesslich in der Spektroskopie verwendet.
Der Begriff Kreiswellenzahl ist unüblich, daher bezeichnen wir diese Grösse hier kurz
als Wellenzahl.

Seite 12   *Strahlteiler:* Wir betrachten die beiden Ausgänge eines Mach-Zehnder-Interferometers.
Tritt an einem Ausgang konstruktive Interferenz auf, so muss aufgrund des Energieerhaltungssatzes am anderen Ausgang destruktive Interferenz auftreten. Dies legt nahe,
dass an den Strahlteilern überraschenderweise auch Phasensprünge von $^{\pi}/_2$ auftreten
müssen. Obwohl optische Strahlteiler auf den ersten Blick wie gewöhnliche optische
Komponenten erscheinen, bleibt ihr Verhalten etwas rätselhaft. Strahlteiler zeigen je
nach Experiment Wellen- oder Teilchen-Eigenschaften. Vergleiche dazu zum Beispiel:
F. Hénault: "Quantum physics and the beam splitter mystery." in *The Nature of Light:
What are Photons? VI, Proceedings of SPIE,* **9570** (2015).

Seite 18   *Elektromagnetische Wellen:* Bei ebenen elektromagnetischen Wellen schwingen das magnetische und das elektrische Feld in Phase. Dies scheint im Widerspruch dazu stehen, dass beim Hertz'schen Dipol das magnetische und das elektrische Feld gegenphasig schwingen. Die Phasenangleichung der beiden Felder erfolgt beim Übergang vom Nah- ins Fernfeld.

Seite 19   *Wellengleichung:* Aus den Maxwell-Gleichungen kann die D'Alembert-Gleichung hergeleitet und so gezeigt werden, dass sich elektromagnetische Felder im Vakuum als ebene Wellen ausbreiten können. Dies kann im gymnasialen Unterricht höchstens als Ausblick behandelt werden, da es in der Regel die mathematischen Fähigkeiten der Schülerinnen und Schüler übersteigt. Aufzuzeigen, wie mathematische Konzepte erweitert und angewandt werden können, kann jedoch auch wertvoll sein.

Strahlenoptik

Seite 2   *Axiome der Strahlenoptik:* Das Modell der Strahlenoptik ist sehr einfach und basiert auf den folgenden einfachen Grundannahmen:

- In homogenen Materialien verlaufen Lichtstrahlen geradlinig.
- An der Grenze zwischen zwei Materialien wird das Licht nach dem Reflexionsgesetz reflektiert und nach dem Brechungsgesetz gebrochen.
- Der Strahlengang ist umkehrbar; bei Umkehrung der Richtung eines Strahls ändert sich sein Verlauf nicht.
- Die Lichtstrahlen durchdringen einander, ohne sich gegenseitig zu beeinflussen.

Näherung: Die geometrische Optik kann als Grenzfall der Wellenoptik betrachtet werden, bei dem die Wellenlänge des Lichts gegen Null geht.

Modellbildung: Trotz der sehr einfachen Annahmen, die offensichtlich nicht der physikalischen Realität entsprechen (da Licht keine geometrischen, mathematischen Geraden ohne weitere Eigenschaften ist), können damit zahlreiche Phänomene erklärt werden. An der Strahlenoptik lässt sich das Wesen von Modellen exemplarisch aufzeigen.

Seite 6   *Flache Erde:* Die Vorstellung einer flachen Erde oder einer Erdscheibe findet sich in vielen frühen Kulturen. Dabei wird die Erdoberfläche als flach gedacht, oft in Gestalt einer (runden) Scheibe. In den homerischen Epen etwa war die Erde eine von den Wassern des Okeanos umflossene Scheibe, überwölbt von der Halbkugel des Himmels. Von dieser Vorstellung lösten sich bereits die kosmologischen Spekulationen der vorsokratischen Philosophen. Mit der Verbreitung astronomischer Erkenntnisse seit der Antike etablierte sich das Modell der Erdkugel. Der Globus wurde zum vorherrschenden Erdmodell im europäischen Mittelalter und in der Neuzeit. Die Vorstellung, dass das mittelalterliche Weltbild von einer Flacherde ausgeht, ist verbreitet, aber falsch. Die im 19. Jahrhundert entstandene Legende, dass die mittelalterliche Christenheit an eine flache Erde geglaubt habe, wurde als historischer Irrtum entlarvt. Sie entstand vielmehr erst aus dem Bedürfnis der Neuzeit, sich von der vorangegangenen Zeit abzugrenzen.

Aristoteles gab in seiner Schrift *Über den Himmel* aus dem 4. Jahrhundert v. u. Z. folgende Gründe für die Kugelgestalt der Erde an:

- Sämtliche schweren Körper streben zum Mittelpunkt des Alls. Da sie dies von allen Seiten her gleichmässig tun und die Erde im Mittelpunkt des Alls steht, muss sie eine kugelrunde Gestalt annehmen.
- In südlichen Ländern erscheinen südliche Sternbilder höher über dem Horizont.
- Der Erdschatten bei einer Mondfinsternis ist stets rund.

Wellenoptik

Seite 13: ***Doppelspaltexperiment:*** Das Doppelspaltexperiment wurde erstmals 1802 von Thomas Young mit Licht durchgeführt und führte zur Anerkennung der Wellentheorie des Lichts gegenüber der damals noch vorherrschenden Korpuskeltheorie. Heute können wir das Experiment dank Lasern sehr einfach im Unterricht durchführen. In Youngs Zeit war jedoch eine derartige kohärente Lichtquelle nicht verfügbar, weshalb das Experiment deutlich aufwendiger war.

Seite 13 ***Fourieroptik:*** Die Fourieroptik basiert auf der Erkenntnis, dass das Fraunhofer-Beugungsmuster dem Fouriertransformierten des beugenden Objekts entspricht. Das Fourier-Integral einer Rechteckfunktion (Top-Hat-Funktion) ergibt das Beugungsmuster am Spalt. Bei einer periodischen Struktur (Gitter) geht das Fourier-Integral in eine diskrete Fourier-Reihe über – das Beugungsmuster besteht daher aus diskreten Linien.

Seite 16 ***Laser:*** Laserstrahlen unterscheiden sich vom Licht einer thermischen Quelle, wie z.B. einer Glühlampe, hauptsächlich durch die Kombination aus einem sehr engen Frequenzbereich (monochromatisches Licht), einer daraus resultierenden grossen Kohärenzlänge und der präzisen Fokussierbarkeit des Strahls. Laserlicht entspricht in der Optik am ehesten der Modellvorstellung des Lichtstrahls bzw. der ebenen Welle. Die Entstehung von Laserstrahlung kann jedoch klassisch nicht erklärt werden, sondern beruht auf Quanteneffekten.

Seite 17 ***Rayleigh-Kriterium:*** Das Rayleigh-Kriterium ist eine heuristische Bedingung, die angibt, wie weit zwei Lichtquellen voneinander entfernt sein müssen, um als getrennt wahr-genommen zu werden. Es handelt sich um eine sinnvolle, aber grundsätzlich willkürliche Definition. Das Rayleigh-Kriterium führt für ein Loch ($\varphi \approx 1.22 \cdot \lambda/d$) zu einem leicht anderen Ergebnis als für einen Spalt ($\varphi \approx \lambda/d$). William Dawes hat empirisch ein leicht abweichendes Kriterium für Doppelsterne gefunden. Das Dawes-Kriterium für ein Loch ist gleich dem Rayleigh-Kriterium für einem Spalt. Damit diese technischen Details nicht von der wesentlichen Aussage ablenken, geht das Skript nicht auf diese Subtilitäten ein und gibt ein einziges Auflösungskriterium an.

Seite 18 ***Immersion:*** Es wird hier davon ausgegangen, dass der Brechungsindex des Mediums $n = 1$ beträgt, d.h. dass zwischen der Probe und dem Objektiv Luft als Immersions-medium verwendet wird. Bei der Immersionsmikroskopie wird das Auflösungsvermögen durch die Verwendung eines geeigneten Mediums mit höherem Brechungsindex (zum Beispiel Wasser oder Glycerin) verbessert, da so die numerische Apertur des Objektiven vergrössert werden kann.

Nahfeldmikroskopie: Die Beugungsbegrenzung des Auflösungsvermögens eines optischen Instruments gilt nur im Fernfeld (Fraunhofer-Beugung). Die Nahfeld-mikroskopie nutzt diesen Umstand aus, indem sie das Feld eines Objekts in sehr kleinem Abstand (also im Nahfeld) betrachtet. Auf diese Weise können wesentlich höhere Auflösungen bis zu 25 Nanometern oder weniger erreicht werden.

Seite 19 ***Phasensprünge:*** Bei der Reflexion elektromagnetischer Wellen kann ein Phasensprung von π auftreten. Gemäss den Fresnel'schen Formeln geschieht dies beim Übergang in ein optisch dichteres Medium oder an einer Metalloberfläche bei senkrechter Polari-sation. Bei paralleler Polarisation tritt der Phasensprung für Einfallswinkel ab dem Brewster-Winkel auf. Beim Übergang in ein optisch dünneres Medium, z. B. beim Über-gang von Glas zu Luft, tritt der Phasensprung hingegen nur bei paralleler Polarisation und für Einfallswinkel bis zum Brewster-Winkel auf. Im Skript wird auf diese Phasen-sprünge nicht eingegangen, da beide Teilstrahlen den gleichen Phasensprung erfahren und sich somit kein beobachtbarer Effekt ergibt.

Demonstrationsexperimente

Im Folgenden werden ohne Anspruch auf Vollständigkeit einige Experimente zu den Unterrichts-
inhalten aufgeführt. Sollte das Original-Experiment nicht verfügbar sein, stehen für die meisten
dieser Versuche hochwertige Animationen, Applets und Videos im Internet zur Verfügung.

Viele gelungene Animationen und Applets bieten zum Beispiel die University of Colorado, Boulder
(phet.colorado.edu), Paul Falstad (www.falstad.com), Walter Fendt (www.walter-fendt.de) oder
LEIFI-Physik (www.leifiphysik.de) an.

Einführung in die Wellenlehre

Seite 2ff   Demonstration schwingender Systeme: Federpendel, Fadenpendel, Blattfeder, U-Rohr,
schwingender Schwimmkörper, Pohl'sches Drehpendel etc.

Seite 5   Projektion eines schwingenden Federpendels und eines Körpers auf einer
rotierenden Scheibe.

Seite 7   Horizontales Federpendel mit zwei Federn und einem reibungsarmen Wägelchen.
Bifilar aufgehängte Fadenpendel im Vergleich (unterschiedliche Längen, Massen,
Amplituden).
„Variables g"-Pendel.
Messung der Periode eines Federpendels in Abhängigkeit von Masse,
Federkonstante und Amplitude.

Seite 10   Foucault-Pendel.
Sekundenpendel.

Seite 11   Beobachtung oder Messung der Dämpfung an einem schwingenden System
(Pohl'sches Drehpendel).

Seite 12   Erzwungene Schwingung und Resonanz an einem Federpendel mit periodischem
Antrieb (Exzenter, Vibrator o. Ä.) oder am Pohl'schen Drehpendel.

Seite 13   Resonanz bei verschiedenen schwingenden Systemen (Blattfedern auf Vibrator etc.).

Seite 14   Film zum Einsturz der Tacoma Narrows Bridge.

Seite 15   Bifilar aufgehängte gekoppelte Fadenpendel.
Wilberforce-Pendel.
Reihe gekoppelter Pendel (vgl. Bild im Skript).
Wellenmaschine.
Slinky-Feder für transversale und longitudinale Wellen.

Seite 16   Experimente mit Polarisatoren, insbesondere das Experiment von Malus.
Polarisationsfilter für Mikrowellen.

Seite 18   Stimmgabeln mit Resonanzkörper als Sender und Empfänger.
Stimmgabel unter Stroboskop betrachten.
Membran eines Lautsprechers bei sehr tiefen Frequenzen langsam erhöhen.
Grosse Stimmgabel zur Demonstration der (langsamen) Schwingungen.
Türglocke bzw. Klingel unter einer Vakuumglocke.
Messung der Schallgeschwindigkeit mit Timer und zwei Mikrofonen.

Seite 20   Lochsirene.
Tonhöhe: Frequenzgenerator mit Lautsprecher.

Seite 21   Wellenwanne.

Seite 23   Hertz'scher Dipol (Dezimeterwellen).

Seite 24   Dezibel-Meter.

Fortgeschrittene Wellenlehre

Im Wesentlichen können dieselben Experimente gezeigt werden wie bei der Einführung in die
Wellenlehre. Im Folgenden sind daher nur die zusätzlich möglichen Experimente aufgeführt.

Strahlenoptik

Wellenoptik

Schlussworte

Urheberrechte & Bildquellen

Das vorliegende Werk erhebt keinen Anspruch auf wissenschaftliche Originalität, sondern stellt eine Einführung in die Thematik dar. Bei der Erstellung der Unterlagen wurden die freie Enzyklopädie Wikipedia und andere Quellen unter freien Lizenzen konsultiert. Die Texte enthalten deshalb teilweise Paraphrasen aus diesen Quellen. Viele der Übungen wurden selbst verfasst. Bei vielen Aufgaben liess ich mich dabei von Aufgaben von Kolleginnen und Kollegen inspirieren.

Die Bildquellen und zugehörigen Urheberrechte sind im jeweiligen Skript detailliert aufgeführt. Sie dürfen, sofern entsprechend ausgewiesen, im Rahmen der jeweiligen freien Lizenzverträge (Creative Commons www.creativecommons.org, GNU Public Licence www.gnu.org, Public Domain) weiterverwendet werden. Ich habe mich bemüht, alle Bildquellen rechtlich korrekt zu klären. Sollte mir dabei ein Fehler unterlaufen sein, bitte ich Sie, mich zu kontaktieren.

Danksagungen

Ich möchte meinen aufrichtigen Dank an meine Kolleginnen und Kollegen sowie an die engagierten Schülerinnen und Schüler aussprechen, die sich die Zeit genommen haben, mir Fehler und Unstimmigkeiten in den Skripten zu melden. Ein besonderer Dank gilt meiner Frau Caroline, die die Skripte sorgfältig gegengelesen und wertvolle Korrekturen vorgenommen hat. Ihre Unterstützung war von unschätzbarem Wert und hat massgeblich zur Verbesserung der Skripte beigetragen.

Über den Autor

Christian Wyss schloss sein Studium in Physik, Mathematik und Philosophie an der Universität Bern ab, wo er in angewandter Laserphysik promovierte. Bereits während seiner Studienzeit engagierte er sich als Lehrer an verschiedenen Gymnasien. In der Folge vertiefte er seine Expertise in der universitären Forschung als Postdoctoral Fellow an den Universitäten von Canterbury und Otago in Neuseeland. Bevor er sich seinem Berufsziel als Gymnasiallehrer zuwandte, erweiterte er seinen Erfahrungshorizont und wirkte als Patent- und Innovationsexperte beim eidgenössischen Amt. Im Anschluss gründete und leitete er erfolgreich eine Spin-off-Firma in der Technologiebranche.

mathema

Das altgriechische Wort μάθημα (máthēma) bedeutet Wissen, Studium, Lehre, Unterricht und heisst wörtlich „das, was gelernt wurde".

Klassenmaterial

Mit dem Erwerb dieses Buches erhalten Sie gleichzeitig die Berechtigung zur Nutzung der Unterrichtsunterlagen für Ihre Schülerinnen und Schüler. Im Internet stehen Kopiervorlagen der Unterrichtsunterlagen, bestehend aus unausgefüllten Skripten und den dazugehörigen Lernzielen, zum Download zur Verfügung.

Adresse: www.mathema.ch / Passwort: K09)/fg$